BIBLIOTHÈQUE DES ACTUALITÉS INDUSTRIELLES N° 16

# SCIENCE ET GUERRE

## TÉLÉGRAPHIE OPTIQUE
### Par MAX DE NANSOUTY

## CRYPTOGRAPHIE
### Par H. MAMY

## ÉCL[...]

## POSTE PAR PIGEONS
### Par G. RICHOU

AVEC 57 FIGURES DANS LE TEXTE

## PARIS
### BERNARD TIGNOL, ÉDITEUR
15, QUAI DES GRANDS-AUGUSTINS, 15

# SCIENCE ET GUERRE

ANGERS, IMPRIMERIE BURDIN ET Cⁱᵉ

BIBLIOTHÈQUE DES ACTUALITÉS INDUSTRIELLE — N° 16

# SCIENCE ET GUERRE

## LA TÉLÉGRAPHIE OPTIQUE

PAR

MAX DE NANSOUTY

## LA CRYPTOGRAPHIE

PAR

HENRY MAMY

## L'ÉCLAIRAGE ÉLECTRIQUE

A LA GUERRE

PAR

PIERRE JUPPONT

## LA POSTE PAR PIGEONS

PAR

GEORGES RICHOU

Ingénieurs des Arts et Manufactures.

Avec 57 figures dans le texte.

## PARIS

### BERNARD TIGNOL, ÉDITEUR

45, QUAI DES GRANDS-AUGUSTINS, 45

1888

# CHAPITRE I

## LA TÉLÉGRAPHIE OPTIQUE

PAR

MAX DE NANSOUTY

# LA TÉLÉGRAPHIE OPTIQUE

La guerre moderne, soit qu'elle se produise entre deux nations civilisées ou entre une nation civilisée et des populations barbares, doit utiliser, pour arriver rapidement à son but, toutes les ressources scientifiques qui paraissent pouvoir en accélérer les opérations. Cette tendance s'est manifestée tout d'abord aux États-Unis[1] où, pendant la guerre de sécession, les belligérants, suivant l'impulsion de leur caractère novateur et spécial, se servirent les uns à l'égard des autres de procédés d'attaque et de défense nouveaux et scientifiques que l'on eût considérés comme étant du domaine de la fantaisie sur l'ancien continent : les torpilles, les bateaux sous-marins, les ballons et la télégraphie électrique jouèrent dans cette collision un rôle inattendu.

L'Allemagne se montra plus attentive que la France à cette évolution de la guerre vers la science ; aussi, pendant la funeste période de 1870, ce fut un étonnement chèrement payé pour notre pays, que de voir l'armée des envahisseurs précédée, accompagnée et suivie de brigades télégraphiques déjà exercées, abrégeant la transmission des ordres, produisant des mouvements de concentration, d'avancement

---

1. L'emploi fait par les troupes françaises, au siège de Sébastopol, de fusées, de roches à feu et de feux de couleurs, ne peut être considéré que bien indirectement comme une tentative de l'usage des moyens de communication par télégraphie optique.

ou de retraite, d'autant plus dangereux qu'ils étaient plus imprévus et mieux combinés. C'est bien un simple fil télégraphique qui servit en grande partie à réduire Paris et tant d'autres de nos places fortes.

Ces tristes événements donnèrent l'éveil en France et attirèrent vivement l'attention sur l'utilité de la télégraphie militaire. On comprit quel énorme moyen d'action ce peut être pour un commandant en chef que de pouvoir, avec une rapidité merveilleuse, assurer d'une façon continue les communications de plusieurs corps d'armée et donner à leurs mouvements l'unité qui fait la principale force de ces masses.

L'inconvénient du fil télégraphique posée à la volée sur les flancs des corps d'armée ou aux avants-postes est d'être apparent, de pouvoir être coupé, capté même, et de pouvoir devenir un funeste agent de la fausse nouvelle ou de l'ordre donné à faux.

Pendant le siège de Paris même on y songea beaucoup et la télégraphie sans fil préoccupa bien des cerveaux. On tenta, sans succès appréciable, de se servir de la terre et du cours de la Seine comme conducteurs électriques ; peut-être est-ce là une solution du problème pour l'avenir, mais on n'obtint alors rien de satisfaisant [1]. Plus heureux furent ceux qui, comme M. Maurat, professeur au lycée Saint-

1. MM. Bourbonze et Paul Desains, notamment, firent des essais sur la Seine entre le pont Napoléon et Saint-Denis ; ils se servaient d'un petit nombre de piles et d'un galvanomètre, le téléphone étant inconnu alors. M. d'Almeida partit en ballon afin d'essayer de faire communiquer ainsi Paris avec la province ; la signature de l'armistice, survenue sur ces entrefaites, arrêta les expériences. Depuis lors, le professeur Graham Bell a fait d'intéressants essais dans la même voie ; mais la priorité appartient, sans contestation possible, aux savants français du siège de Paris.

Louis, et le savant colonel Laussedat, actuellement Directeur du Conservatoire des Arts et Métiers[1], songèrent à parler à l'œil au moyen d'un faisceau lumineux lancé et intercepté par intervalles. Ce fut le principe de la *télégraphie optique* terme maintenant consacré, mais qui devrait plutôt s'appeler la télélogie optique, car cette télégraphie parle et n'écrit pas.

ORIGINES DE LA TÉLÉGRAPHIE OPTIQUE. — Pour avoir longtemps sommeillé dans l'inutilisation pratique, la télégraphie optique n'en est pas moins presque aussi vieille que le monde. Elle fut le premier moyen de communication et d'échange de signaux à distance des peuples primitifs ; depuis les Gaulois jusqu'aux Kabyles pendant la conquête de l'Algérie, on voit des feux allumés sur les montagnes servir d'appel, de ralliement et de signal. La marine les a conservés sous formes de fanaux et de fusées ; les chemins de fer avec leurs lanternes de couleur, agitées ou immobiles ne font pas autre chose que de la télégraphie optique.

Les feux ou les fanaux supposent une télégraphie nocturne ; mais on a eu également un exemple de télégraphie optique de jour dans le télégraphe Chappe, qui fut un grand progrès pour son temps, et dans lequel des sémaphores se transmettaient lentement les légendaires signaux angulaires interrompus par le brouillard. On aurait tort d'en sourire aujourd'hui : la télégraphie optique actuelle, malgré toute sa perfection, est également coupée net par un brouillard même léger.

---

1. Il convient de signaler aussi les travaux exécutés par M. Lissajous (appareil à lunettes couplées) et ceux de M. Cornu (appareil à prisme) qui furent l'objet d'essais et d'expériences pendant le siège de Paris. On en trouvera la description dans le *Mémorial de l'Officier du génie français*.

Lorsque la télégraphie électrique eut détrôné le système Chappe, un temps d'arrêt se produisit dans l'ordre des transmissions optiques. Ce n'est guère que dans ces dernières années qu'on y a de nouveau songé : la guerre de Tunisie, puis celles du Tonkin et de Chine ont prouvé quel parti l'on pouvait tirer de ce nouvel instrument d'avertissement à distance. L'art militaire s'en est donc emparé, et il est certainement appelé à jouer un rôle important dans les luttes futures.

PRINCIPE DE LA TÉLÉGRAPHIE OPTIQUE MILITAIRE (fig. 1). — Par un concours de circonstances plus fréquent qu'on ne le pense, c'est de recherches absolument théoriques et pacifiques qu'est sorti le principe de la télégraphie optique militaire. Les géodésiens, les astronomes, Leverrier notamment, avaient senti le besoin de pouvoir faire exécuter par des postes d'observateurs placés à grande distance les uns des autres, ces observations simultanées dont M. le colonel Perrier tire actuellement, pour ses beaux travaux, un si grand parti. On songea à les avertir par des signaux lumineux qui sont presque instantanés ; puis on convint de signaux particuliers voulant dire : « commencez ; cessez ; à droite ; à gauche ; êtes-vous prêt ? » etc.... La télégraphie optique était trouvée ; de là à produire des signaux réguliers, à les grouper en longues et en brèves, à peindre en lettres de feu aux yeux de l'observateur, l'ingénieux alphabet Morse, il n'y avait qu'un pas, qui fut vite franchi. Le principe de la télégraphie optique peut, en effet, se formuler ainsi : « Projeter à distance un faisceau homogène de rayons lumineux et produire sur ce faisceau, au moyen d'un obturateur, des interruptions alternantes correspondant aux signaux de l'alphabet Morse. » Avec une bougie, un réflecteur quelconque et une boîte de carton percée d'un trou, on pourrait faire ainsi de la télégraphie optique dans un appartement.

Fig. 1. — Poste de télégraphie optique pendant le siège de Paris.

Avec deux lampes Carcel, des réflecteurs de lanternes de voitures et un volet percé, des propriétaires ruraux pourraient communiquer la nuit entre deux propriétés situées déjà à une respectable distance. Pour les opérations militaires, c'est de très longues distances, de plusieurs kilomètres qu'il s'agit ; il faut de plus pouvoir communiquer aussi bien le jour que la nuit. Le problème se pose donc ainsi : 1° Approprier une source lumineuse intense en vue de l'intercommunication ; 2° projeter un faisceau lumineux homogène provenant de cette source dans une direction déterminée.

C'est à Leseurre, inspecteur des lignes télégraphiques en France, mort en 1864, que l'on doit le premier appareil optique répondant à ces conditions, ainsi que le constate le lieutenant R. van Wetter, dans son intéressant traité de télégraphie optique. Il employa de prime abord les rayons solaires réfléchis au moyen d'un appareil analogue à l'héliotrope de Gauss. Le problème repris en 1870, a reçu une solution plus complète, comme nous le verrons, grâce à l'emploi des sources lumineuses artificielles.

Source lumineuse. — La source lumineuse employée pour produire le faisceau lumineux en télégraphie optique peut être : 1° le soleil ; 2° la lumière électrique ; 3° une lampe à pétrole à mèche plate[1]. Pour la télégraphie de guerre, la lumière solaire et celle produite par une lampe à pétrole sont seules d'un emploi pratique jusqu'à nouvel ordre. Destinés à se porter en première ligne, avec une hardiesse dont ils ont donné de nombreuses preuves en

---

1. On a essayé, sans obtenir de résultats absolument satisfaisants, d'employer la lumière Drummond (oxygène et hydrogène projetés sur un bâton de chaux), et la lumière du magnésium. M. Mercadier a imaginé aussi un système où la combustion d'une lampe à pétrole Duboscq est activée à l'aide de l'hydrogène. M. Crova emploie une lampe à huile ordinaire dans le même but.

Afrique et en Orient, obligés de se poster rapidement sur des sommets élevés, nos télégraphistes militaires ne pourraient pas, le plus généralement, traîner avec eux le lourd chariot que nécessite la machine électrique productrice de la lumière. En revanche, l'électricité permettant d'obtenir des foyers lumineux d'une intensité toute spéciale pourra rendre de grands services pour l'intercommunication des postes fixes, les forteresses ou les forts, par exemple. On songe aussi à l'utiliser dans les sémaphores placés sur les côtes, et qui ont mission de communiquer en mer avec les navires qui passent ; elle leur permettrait de remplacer par des phrases suivies et rapidement échangées, les signaux incommodes et souvent trop sommaires actuellement en usage.

PROJECTION DU FAISCEAU LUMINEUX. — Quelle que soit la source qui l'a émis, le faisceau lumineux de l'appareil optique doit être projeté à la plus grande distance possible. Cette projection se réalise en utilisant les propriétés des miroirs ou des lentilles. Il existe différents systèmes d'appareils optiques. Ceux dont fait usage la télégraphie militaire se divisent en appareils télescopiques à miroirs ou *de place* et appareils à lentilles ou *de campagne* ; ils résultent des travaux de M. Maurat, de M. le colonel Laussedat et de ceux de M. le colonel Mangin, qui a fixé les règles de leur construction en les amenant à un état de véritable perfection pratique.

APPAREILS OPTIQUES A MIROIRS DITS TÉLESCOPIQUES. — Rappelons brièvement les propriétés des miroirs sur lesquelles est fondé l'établissement d'un appareil optique télescopique.

*Miroir concave.* — Soit un miroir sphérique concave, c'est-à-dire à face réfléchissante concave MM'. Soit C son centre de courbure (fig. 2), situé sur l'axe $xy$, et CM son rayon de courbure. Si un faisceau de rayons lumineux parallèles vient frapper contre MM', ces rayons réfléchis sui-

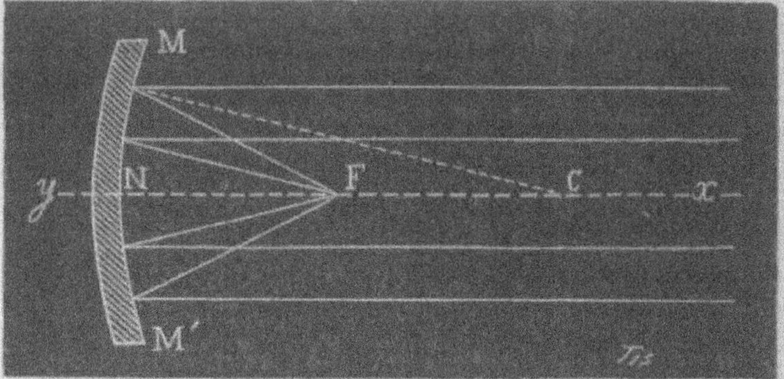



Fig. 2.

vant la loi d'égalité des angles de réflexion et d'incidence iront sensiblement concourir au foyer principal F, placé de telle façon que : CF = FN.

Inversement, si l'on place au foyer principal F une source lumineuse, les rayons obliques qui en émanent, réfléchis par MM', suivant la même loi, constitueront un faisceau cylindrique de rayons parallèles à l'axe $xy$.

*Miroir convexe.* — Considérons un miroir sphérique

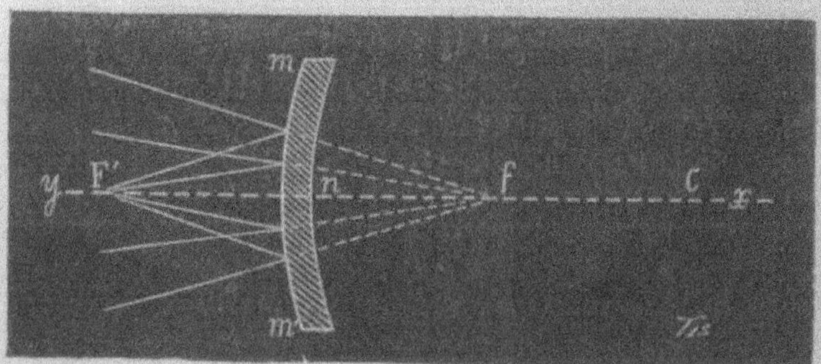



Fig. 3.

convexe, c'est-à-dire à surface réfléchissante convexe $m\,m'$.
Les rayons émis, par une source lumineuse placée au point
F' se réfléchiront sur $m\,m'$ et leur prolongement rectiligne
hypothétique ira concourir en un point $f$ qui est l'image
virtuelle du point F' sur l'axe $xy$ (fig. 3).

*Combinaison des deux miroirs concave et convexe
dans l'appareil optique*. — Supposons maintenant que le
point $f$ coïncide avec le foyer principal d'un miroir concave
MM'; celui-ci, conformément au principe indiqué, renverra
les rayons émanés de A suivant un faisceau cylindrique
parallèlement à l'axe $xy$.

Tel est le principe du projecteur de l'appareil optique à
miroirs. Il permet, au moyen de deux miroirs, l'un concave, l'autre convexe, placés à une distance déterminée
l'une de l'autre, de prendre les rayons divergents émanés
d'une source lumineuse placée en A (fig. 4) entre les deux
miroirs et de les renvoyer, suivant un faisceau cylindrique, parallèlement à l'axe $xy$.

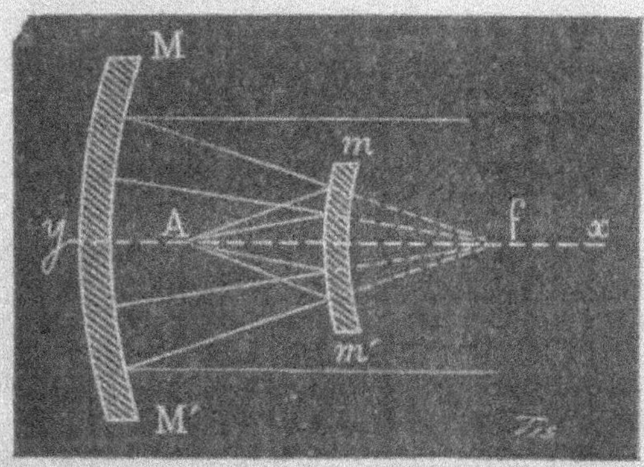


Fig. 4.

Dans la pratique, le miroir MM' est percé en son centre;
la source lumineuse est placée derrière et un système de
lentilles convergentes, placé entre cette source et le point A,

projette une image conjuguée de la source sur le point,
où l'on établit un diaphragme fixe qui se comporte comme
une source lumineuse et que l'on masque à volonté au
moyen d'un écran manipulateur très léger, manœuvré sous
la pression du doigt, à l'aide d'une petite pédale. Une
lunette placée sur l'appareil ou latéralement permet à un
poste de percevoir les éclats lumineux du poste opposé.

*Emploi des appareils optiques à miroirs ou télesco-
piques* (fig. 5, 6 et 7). — Les appareils de télégraphie

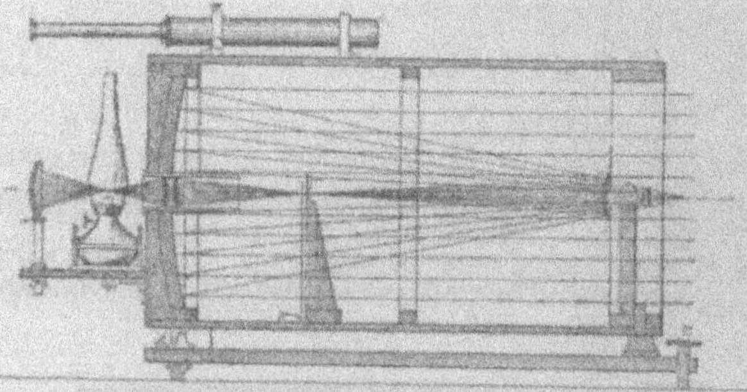

Fig. 5. — Appareil télescopique de 0ᵐ33. — Coupe longitudinale.

optique à miroirs, lourds et puissants, sont, avant tout, des
appareils de place. Il est à prévoir qu'on leur substituera
ultérieurement des appareils à lentilles de grandes dimensions analogues aux *appareils de campagne à lentilles*
que nous décrirons plus loin : cette substitution aurait
l'excellent résultat d'unifier les appareils.

Quoi qu'il en soit, les appareils optiques à miroirs,
existant actuellement sous le nom d'appareils télescopiques
(en raison de leur analogie avec le télescope Cassegrain),
sont fondés sur les principes que nous venons d'indiquer.
Il faut noter cependant que le grand miroir du fond de
l'appareil MM' (fig. 4), au lieu d'être parabolique dans sa
construction, comme l'indiquerait le calcul rigoureux, est

*aplanétique*, c'est-à-dire formé par deux calottes sphériques non concentriques. Il est plus facile à tailler ainsi que

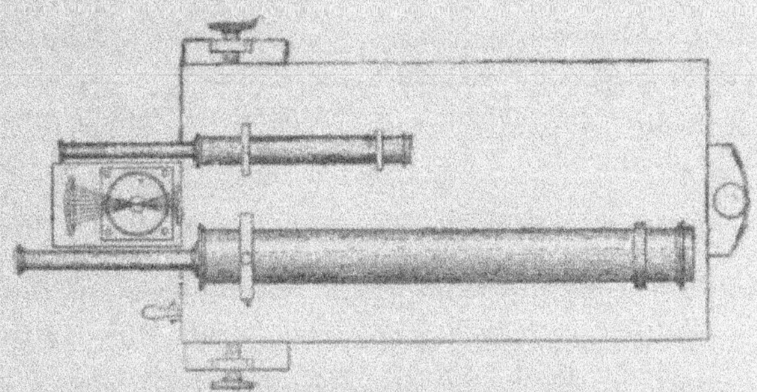

Fig. 6. — Appareil télescopique de 0m45. — Plan.

les miroirs paraboliques et donne sensiblement les mêmes
résultats au point de vue de la projection; cette construction est due à M. le colonel Mangin.

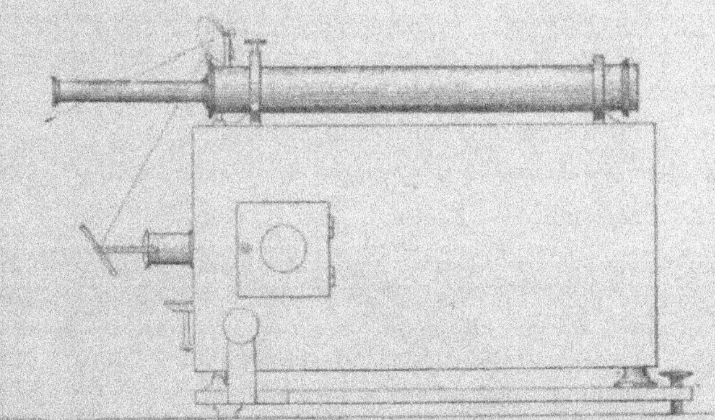

Fig. 7. — Appareil télescopique de 0m45 fonctionnant avec
la lumière solaire ou la lumière électrique. — Élévation latérale.

*Portée des appareils optiques à miroirs.* Le tableau
ci-dessous indique la bonne portée des appareils optiques

à miroirs, classifiés suivant leur diamètre en centimètres :

| Calibre des appareils en centimètres | Portée suivant la source lumineuse employée. | |
|---|---|---|
| | Soleil pendant le jour. Pétrole pendant la nuit. | Pétrole pendant le jour. |
| 35. | 50 à 60 kilomètres, | 12 à 15 kilomètres. |
| 45. | 80 à 90 — | 20 à 25 — |
| 60. | 100 à 120 — | 25 à 30 — |

Il est bien rare que l'on ait à communiquer à plus de 120 kilomètres : les gros appareils de 60 par les temps clairs pourraient d'ailleurs dépasser cette portée.

APPAREILS OPTIQUES DE CAMPAGNE A LENTILLES. — Les appareils optiques à lentilles sont, nous l'avons dit, les appareils de campagne portatifs; en cette qualité, ils ont joué le rôle actif dans les dernières guerres. Il convient d'insister sur quelques-unes des propriétés qui les caractérisent et notamment sur les soins à apporter au réglage de ces appareils, opération qui se renouvelle pour eux incessamment, alors que, pour les appareils de place à miroirs, elle est faite une fois pour toutes et ne peut être à recommencer qu'à la suite d'un tremblement de terre ou d'un coup de canon bien ajusté.

Nous rappellerons d'abord brièvement sur quelles propriétés des lentilles est fondée la construction de l'appareil optique de campagne.

*Lentilles.* — Soit MM' une lentille en verre limitée par deux calottes sphériques et soit $xy$ son axe optique. Si nous faisons tomber sur cette lentille un faisceau de rayons lumineux parallèles à son axe, ces rayons traversant le verre en se réfractant iront concourir en un point F placé sur l'axe optique $xy$ et que l'on nomme le foyer principal (fig. 8).

Inversement, une source lumineuse émettant un faisceau conique de rayons divergents du foyer principal F, ces

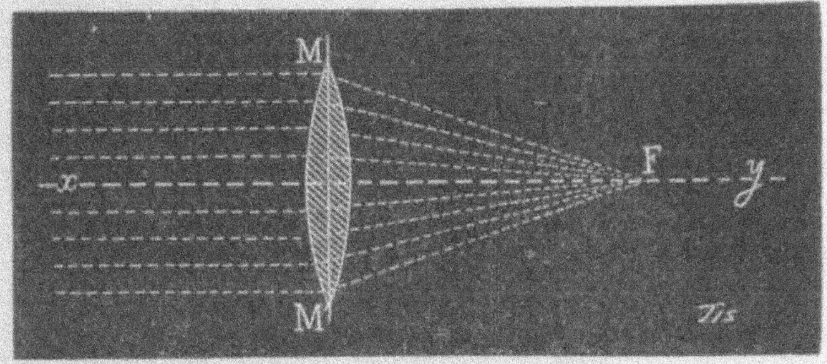

Fig. 8.

rayons seront réfractés par la lentille parallèlement à l'axe $xy$ et leur ensemble constituera un faisceau cylindrique parallèle à l'axe principal.

*Emploi de deux lentilles convergentes*. — Supposons maintenant (fig. 9) qu'en arrière de la lentille MM' se trouve placée une autre lentille NN' également convergente :

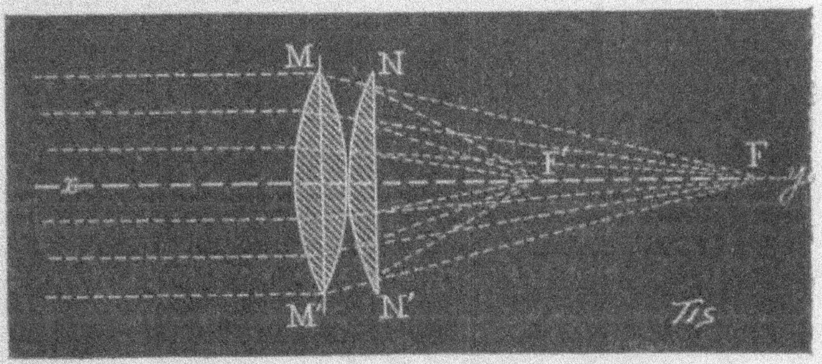

Fig. 9.

les rayons lumineux doublement réfractés, au lieu d'aller converger en F, sur l'axe optique $xy$, iront converger en un nouveau point F' plus rapproché des lentilles. En adoptant ce dispositif, on pourra donc placer la source lumineuse d'un appareil optique en F′ au lieu de la placer en F, et diminuer d'autant sa longueur, ce qui est fort important pour des appareils portatifs de campagne.

*Sources lumineuses employées dans les appareils de campagne à lentille* (fig. 10 et 11). — Un appareil optique de campagne à lentille se compose : 1° d'une lentille

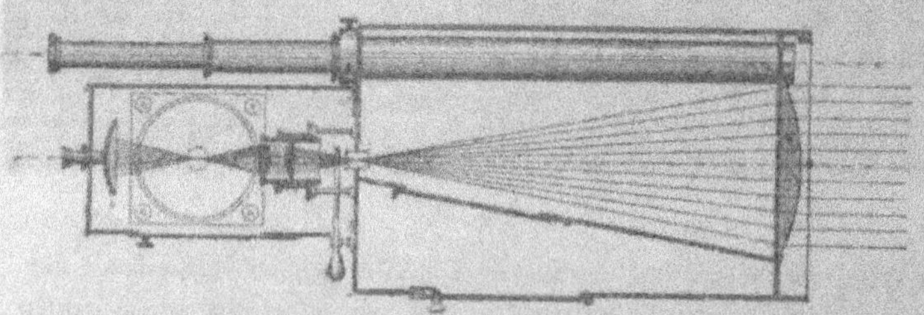

Fig. 10. — Appareil de campagne à lentille.
Plan passant par l'axe d'émission.

simple ou composée, destinée à projeter le faisceau lumineux, et qui porte le nom d'*objectif d'émission* ; la source lumineuse est placée à son foyer : 2° d'une lunette servant à la réception des signaux du poste optique avec lequel s'établissent les relations.

La source lumineuse employée est, pendant le jour, la lumière solaire, pendant la nuit la lumière d'une lampe à pétrole à mèche plate. Il va sans dire que, lorsque pendant le jour le soleil ne brille pas, on fait usage, pour le remplacer, de la lampe à pétrole dont l'éclat se distingue très bien, mais à bien moins grande distance : lorsque le soleil brille, ses rayons sont concentrés en faisceau optique au moyen de miroirs plans ou d'un appareil à miroirs à mouvement automatique, désigné sous le nom d'*héliostat*, que nous décrirons plus loin.

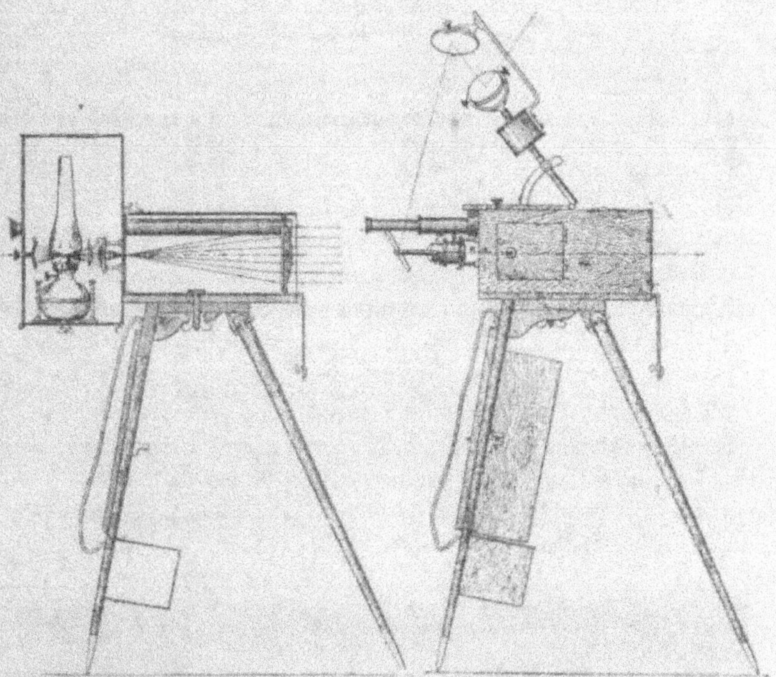

Fig. 11. — Appareil de campagne à lentille, fonctionnant : 1° avec une lampe à pétrole ; 2° avec la lumière solaire et un héliostat.

*Portée des appareils optiques de campagne à lentilles.* — Les appareils de campagne sont catégorisés d'après le diamètre de leur objectif d'émission évalué en centimètres. On a ainsi des appareils de 14, 24, 30 40 et 50. Les portées limites admises, selon la source lumineuse employée, sont les suivantes, en France du moins [1] :

1. L'Angleterre s'est servie avec succès, dans la guerre du Zou-louland, d'appareils optiques dits projecteurs *war-office*, très ana-logues aux appareils du colonel Mangin.

| Calibre des appareils en centimètres | Portée suivant la source lumineuse employée | |
| --- | --- | --- |
| | Soleil pendant le jour Pétrole pendant la nuit | Pétrole pendant le jour |
| 14 . . . . . . . | 30 à 40 kilomètres. | 8 à 10 kilomètres. |
| 21 . . . . . . . | 45 à 50 — | 13 à 14 — |
| 30 . . . . . . . | 55 à 65 — | 18 à 20 — |
| 40 . . . . . . . | 100 — | 20 à 30 — |
| 50 . . . . . . . | 120 — | 30 à 40 — |

DESCRIPTION DE L'APPAREIL OPTIQUE DE CAMPAGNE. — L'appareil optique de campagne se compose essentiellement : 1° d'un objectif d'émission ; 2° d'un manipulateur ; 3° d'une lunette réceptrice des signaux ; 4° d'une lampe à pétrole à mèche plate dans le cas où l'on ne fonctionne pas avec la lumière solaire.

Le tout est porté par un support en forme de trépied.

Le faisceau lumineux émis par la source lumineuse S (cas d'une lampe à pétrole) est dirigé dans l'espace par

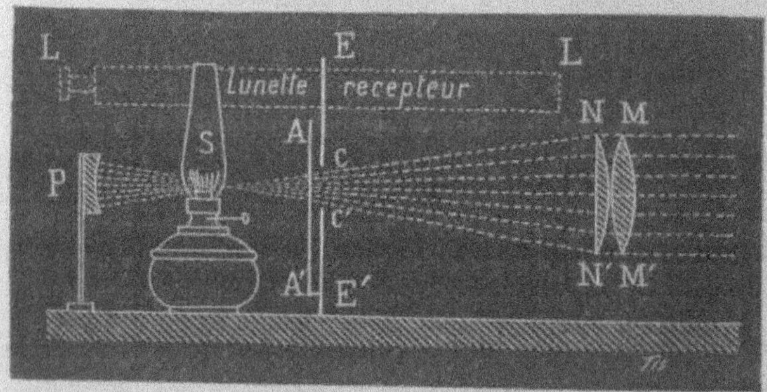


Fig. 12.

l'objectif d'émission MM', NN', au foyer principal duquel est précisément placée la source S (fig. 12). Le petit miroir P placé en arrière de la lampe, et dont le centre de cour-

bure coïncide avec le centre de la flamme, a pour objet de
faire repasser la lumière qu'il réfléchit par la flamme elle-
même et de la renforcer.

MANIPULATEUR. — A 8 ou 10 centimètres environ en avant
du foyer S, se trouve une cloison en tôle EE′ percée d'une
ouverture circulaire $cc'$ dont le diamètre est calculé de
façon à être un peu supérieur à celui de la section du faisceau lumineux, conique en ce point, par un plan vertical.
Entre cette cloison et la lampe, se meut le *manipulateur*
AA′. Il est formé (fig. 13) d'un écran F, en aluminium

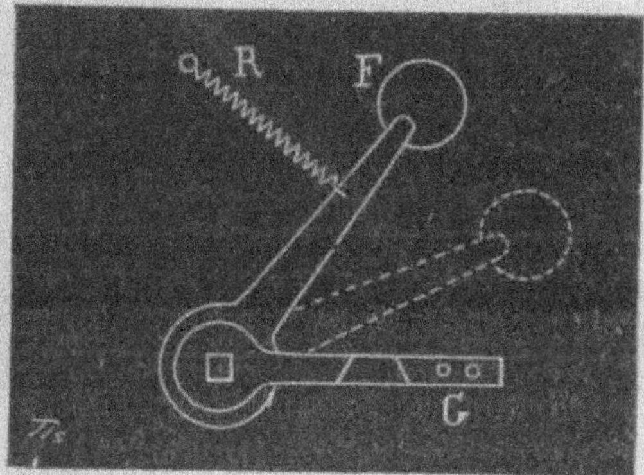


Fig. 13.

strié, commandé par un petit levier à pédale G sur lequel
on presse pour le faire mouvoir et qui est rappelé en arrière
par un ressort antagoniste R. En appuyant sur la pédale,
on démasque l'ouverture $cc'$ (fig. 6) et on laisse passer un
éclat lumineux. Lorsque le ressort R rappelle le levier,
l'écran F vient de nouveau fermer cette ouverture et l'obscurité se fait; on réalise ainsi en signaux lumineux les longues
et brèves de l'appareil Morse. Un petit verrou placé sur le
levier G permet de tenir F abaissé en permanence et de
faire *feu fixe*.

LUNETTE RÉCEPTRICE : RÉGLAGE. — La lunette de réception LL est établie parallèlement à l'axe d'émission et doit être maintenue très exactement dans ce parallélisme; à cet effet, son tube oculaire est embrassé par deux tiroirs à angle droit l'un sur l'autre et mobiles, l'un verticalement, l'autre horizontalement, à l'aide de deux vis micrométriques. Le réglage du parallélisme [1] se fait ainsi qu'il suit : on introduit (fig. 14) dans une douille DD', placée en arrière de

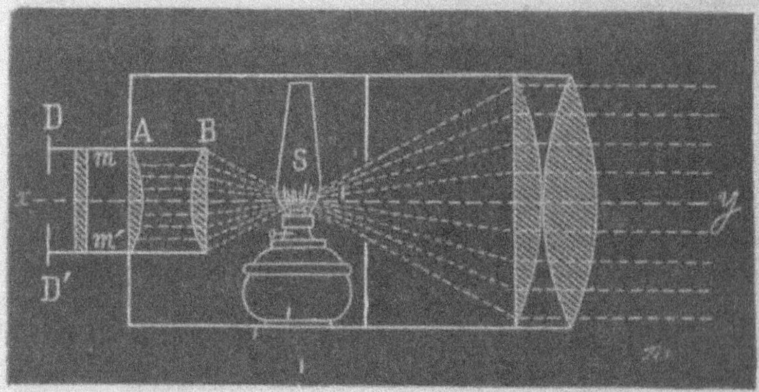


Fig. 14.

l'appareil optique, un tube contenant : 1° deux lentilles convergentes A et B; 2° un verre dépoli $mm'$ portant un réticule. On vise un objet saillant quelconque placé à une distance de 2 kilomètres environ, et l'on fait en sorte que l'image de cet objet vienne se produire exactement au croisement du réticule du miroir $mm'$. L'axe optique $xy$ de l'appareil se trouve ainsi exactement déterminé par deux points. Il n'y a plus dès lors qu'à viser le même objet éloigné

1. Dans la description du réglage du parallélisme, il faut supposer la lampe enlevée de l'appareil. Elle n'y est introduite que pour le réglage de la source lumineuse, lequel fait l'objet du paragraphe suivant.

avec la lunette réceptrice, et, dès que l'on arrive à l'apercevoir, à fixer la position de la lunette à l'aide des deux coulisses à vis dont nous avons parlé ci-dessus.

RÉGLAGE DE LA SOURCE LUMINEUSE. — Lorsque l'on fait usage de la lampe à pétrole pour les signaux, le même tube à douille DD′ et à verre dépoli $mm'$ (fig. 14) permet le réglage de la flamme. On enfonce, à cet effet, le tube DD′ plus ou moins, jusqu'à ce que l'image de la flamme vienne occuper bien exactement le diamètre vertical du réticule; on enlève alors ce tube et l'on met en place le petit miroir concave P (fig. 12) : ce petit miroir donne une image renversée de la flamme. Il suffit dès lors, pour régler l'appareil, de superposer cette image de la flamme à la flamme elle-même; on y arrive facilement en regardant la lampe à travers l'objectif d'émission de l'appareil et en déplaçant légèrement le petit miroir.

De la qualité de la source lumineuse dépend le bon fonctionnement des communications. Pour réaliser les meilleures conditions, il convient de donner à la mèche de la lampe la forme d'une ligne légèrement convexe, dont, à l'aide de ciseaux, on arrondit les angles. La flamme présente alors l'aspect d'un papillon et agit ainsi, une fois placée dans le prolongement de l'axe de l'appareil, dans toute sa profondeur.

EMPLOI DE LA LUMIÈRE SOLAIRE. — La télégraphie optique fait, nous l'avons dit, usage de la lampe à pétrole à mèche plate pour ses signaux dans toutes les circonstances où il s'agit d'opérer soit de nuit, soit par des temps clairs, mais couverts. Toutes les fois que la chose est possible, on se sert de la lumière solaire, laquelle, ainsi qu'il résulte des tableaux de portée des appareils que nous avons donnés plus haut, permet d'obtenir des communications à plus grande distance que la source de lumière artificielle.

La lumière solaire est concentrée et projetée suivant l'axe

optique de l'appareil par deux moyens : 1° des miroirs plans
conjugués ; 2° un héliostat.

Dans le cas de *miroirs plans conjugués*, les rayons
solaires sont reçus tout d'abord sur un miroir plan R incliné,
supporté par la boîte de l'appareil ; les rayons sont réfractés
de R sur un autre miroir plan incliné R' (fig. 15), lequel

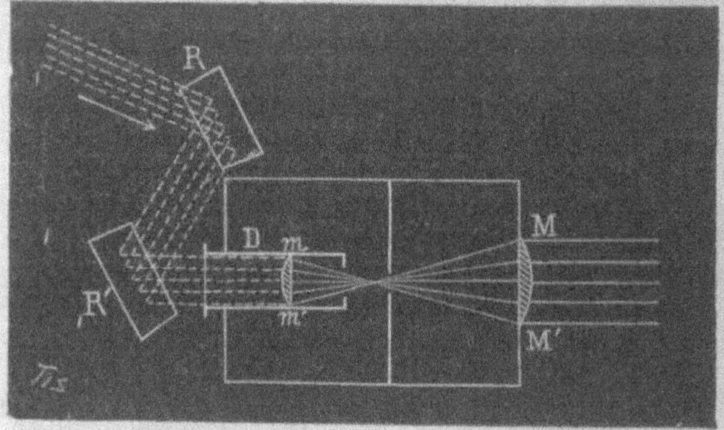

Fig. 15.

est porté par une douille D dont l'axe coïncide avec l'axe
optique de l'appareil. Le faisceau de rayons solaires concentrés à l'intérieur de D, est rendu convergent par une
lentille *mm'* que contient la douille, puis dirigé sur l'objectif
d'émission MM'. Sur son passage, il rencontre, bien entendu,
l'écran et le manipulateur que nous avons décrits. En raison
du déplacement continu du soleil, le petit miroir R', dans
e système des miroirs conjugués, doit être changé de position toutes les trois minutes environ ; on y arrive en faisant
tourner à la main, d'un petit angle, la douille D avec le
miroir R' qu'elle porte.

Il est bon de noter que l'emploi du miroir R placé sur

l'appareil n'est pas essentiel; on peut se contenter de
recevoir directement les rayons solaires sur le miroir R'.

Afin d'éviter à l'opérateur le déplacement presque continuel de la douille D et du miroir R', on a combiné un
appareil spécial à mouvement d'horlogerie, automatique par
conséquent, et que l'on nomme *héliostat.*

L'héliostat se compose de deux miroirs circulaires du
modèle dit *psyché*, de même diamètre, exactement centrés
sur l'axe d'un mouvement d'horlogerie renfermé dans une
sorte de petit tambour cylindrique (fig. 16 et 17). Son axe

Fig. 16. — Héliostat.                     Fig. 17. — Héliostat.

AA' (fig. 18) est disposé de façon à faire avec le plan horizontal un angle *a* égal à la latitude du lieu où l'on opère;
quant à la règle AB, qui sert de base à l'héliostat, on
l'oriente, à l'aide d'une boussole, suivant le méridien; il en
résulte que l'axe AA' se trouve, par suite de ces deux
déterminations, parallèle à l'axe de la terre. Le mouvement
d'horlogerie étant construit et réglé de façon que l'héliostat

fasse mathématiquement un tour en 24 heures, cet appareil possède la même vitesse angulaire que le soleil, et conserve toujours la même position par rapport à lui.

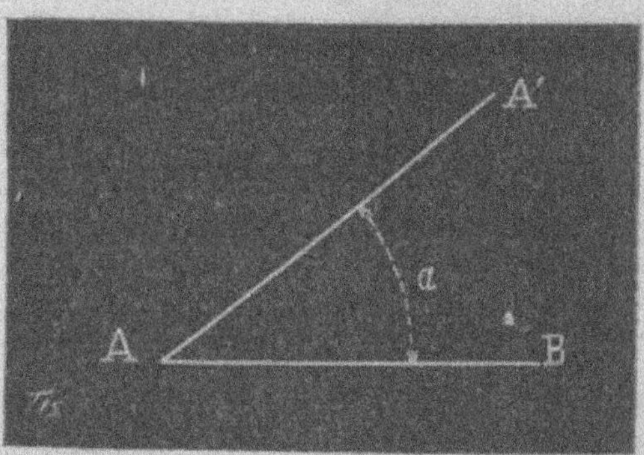

Fig. 18.

Le rayon solaire incident est donc constamment réfléchi d'un miroir à l'autre de l'héliostat, puis sur le miroir plan rectangulaire occupant la position de R' (fig. 15) et finalement dans la direction parallèle de l'axe de l'objectif d'émission, de façon à constituer le faisceau lumineux.

APPAREILS OPTIQUES DES OBSERVATOIRES BLINDÉS (fig. 19 et 20). — Les appareils optiques des observatoires blindés ne diffèrent de ceux que nous avons précédemment décrits qu'en ce que, établis à poste fixe dans des abris qui les dissimulent, ils doivent présenter le moins possible de surface et de visibilité en dehors du faisceau lumineux projeté par l'objectif d'émission. Leurs organes sont donc disposés de façon à diminuer autant que possible le volume de la partie antérieure à engager dans les créneaux et à placer à la partie postérieure la manœuvre de toutes les pièces qui servent au réglage. Aussi, dans ces appareils, la lunette réceptrice, au lieu d'être établie sur la paroi supérieure de la boîte de l'appareil, est-elle placée à l'intérieur du corps de

cet appareil. La lampe est installée dans une cage ou lanterne à part qui s'accroche tout d'une pièce à la paroi postérieure de l'appareil. Enfin, le petit miroir convexe destiné

Fig. 19. — Appareil télescopique de 0ᵐ45, pour observatoire blindé.
Coupe longitudinale.

à la concentration du foyer lumineux et au réglage est fixé
à demeure à son support.

Les appareils télescopiques des observatoires blindés font

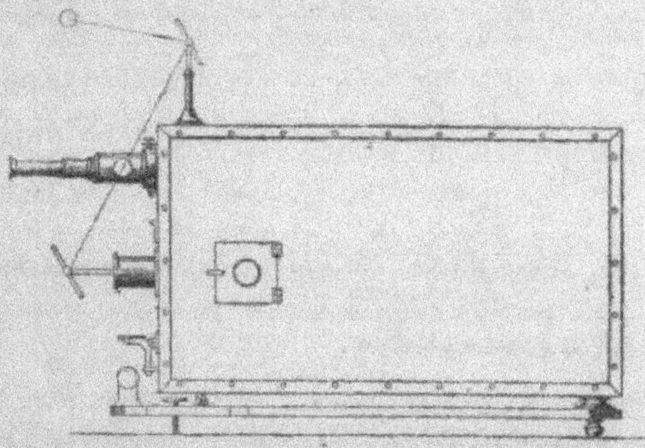

Fig. 20. — Appareil télescopique de 0ᵐ45, pour observatoire blindé,
fonctionnant avec la lumière solaire. — Élévation latérale.

actuellement partie intégrante de la défense du territoire et
rendraient certainement, en cas de guerre, des services de
premier ordre.

Ils mettent les forteresses en communication permanente et ne permettent aucune surprise. Les plus petits appareils de 0$^m$ 350 de diamètre, avec objectif de 0$^m$ 067 de diamètre à la lunette de réception, peuvent communiquer sûrement à 50 ou 60 kilomètres. Le modèle de 0$^m$ 450 (objectif de 0$^m$ 081) est efficace en temps ordinaire jusqu'à 90 kilomètres et peut, par des temps très clairs, porter jusqu'à 130 kilomètres. Le grand modèle de 0$^m$ 60 de diamètre, avec lunette de réception à objectif de 108 millimètres, a une portée efficace en temps ordinaire de 120 à 130 kilomètres, et, par un temps transparent peut porter à plus de 200 kilomètres. Il est inutile d'ajouter que ces grandes portées réclament des télégraphistes très exercés, et que, de plus, il convient que les appareils en correspondance soient du même diamètre. Dans le cas contraire, la portée efficace est intermédiaire entre celles qui correspondent respectivement au modèle le plus grand et au modèle le plus petit.

Influence des brumes, fumées et brouillards. — La télégraphie optique, fondée essentiellement sur la projection à distance de la vibration lumineuse, présente cette fâcheuse propriété d'être entravée par la brume, le brouillard et une fumée même légère. Aussi le fonctionnement de la lampe à pétrole, qui sert généralement de source lumineuse, demande-t-il des soins particuliers : la fumée qu'elle peut émettre suffit à former un léger nuage qui interrompt la communication.

Transmission et réception des télégrammes optiques. — Deux télégraphistes sont nécessaires pour desservir un appareil optique : l'un lit les signaux à haute voix, au fur et à mesure qu'il les reçoit ; l'autre les écrit. Deux postes de télégraphie optique de campagne se trouvant en présence, à distance, commencent tout d'abord par établir dans l'espace une ligne d'intercommunication ; ce n'est pas toujours chose facile, et, pour un service de ce genre en face de l'ennemi, il faut un sang-froid et un courage dont les équipes de télégraphistes français ont donné de nombreuse preuves dans nos dernières campagnes. Lorsque les deux postes se sont rencontrés dans l'espace et que, par suite, la communication se trouve établie, chacun d'eux fait *feu fixe*, c'est-à-dire que l'écran du manipulateur est maintenu baissé d'une façon permanente au moyen du verrou dont nous avons parlé en décrivant le manipulateur. Le poste qui désire communiquer fait alors les attaques réglementaires de l'alphabet Morse [1] jusqu'à ce que le poste en correspondance ait répondu en masquant son feu. La manipulation doit être lente et saccadée, les intervalles entre les mots sont volontairement exagérés. Lorsqu'une erreur se produit, le poste récepteur interrompt la communication de son correspondant en faisant un feu fixe d'une durée d'environ 10 secondes. Le correspondant, qui, tout en manipulant, tient l'œil à la lunette, s'arrête lorsqu'il voit le feu fixe et reprend immédiatement le mot interrompu. Dès que la transmission est terminée, le poste qui a reçu le télégramme en donne réception en collationnant, suivant l'usage, le numéro, les chiffres, les noms propres et les mots les plus importants. La transmission une fois terminée, les correspondants font de nouveau feu fixe. Aussitôt que l'un d'eux masque son feu, il indique qu'il a un télégramme à transmettre; le second poste répond en masquant à son tour son feu et le travail commence. Après chaque lettre, ce dernier envoie un éclat lumineux qui indique qu'elle a été bien lue. Si l'une d'elles lui échappe, il *coupe* son correspondant en envoyant un faisceau lumineux. Le télégraphiste du poste transmetteur, ayant l'œil à la lunette, s'interrompt et répète le dernier mot transmis.

1. Un trait et un point alternants répétés plusieurs fois.

Ces règles de service, ainsi que quelques autres de moindre importance, permettent d'éviter toute confusion et tout retard. On peut apprécier l'intérêt patriotique et humanitaire que présentent de pareils télégrammes lorsqu'il s'agit de transmettre avec une exactitude parfaite de l'orthographe des noms et des prénoms, la liste des morts et des blessés dans un combat livré autour du drapeau national sur la terre étrangère.

Recherche des postes. — En temps de manœuvres ou de guerre, les télégraphistes, par suite des changements fréquents et rapides des corps d'armée auxquels ils appartiennent, ignorent presque toujours la position exacte du correspondant : aussi la recherche des postes optiques constitue-t-elle une des parties les plus importantes du service. A cet effet, chaque poste doit être muni d'une carte, d'une boussole et d'un rapporteur. Quant l'un d'eux connaît la position du poste avec lequel il veut se mettre en relation, il commence à orienter sa carte. Pour cela, il place la boussole sur l'un des côtés de sa carte qu'il tourne jusqu'à ce que les lignes soient bien parallèles à celles du terrain, puis il calcule, sur la carte, à l'aide du rapporteur, l'angle formé par la ligne N.-S. du méridien, avec celle qui se dirige vers le point visé ; en tenant compte de la déclinaison, et en donnant à son appareil la même déviation que la ligne de visée, il doit arriver infailliblement à trouver son correspondant.

Lorsque deux postes mobiles se recherchent, l'opération devient plus difficile. Les deux correspondants divisent alors le terrain à étudier en secteurs et visitent avec la lunette les points sur lesquels ils supposent le poste établi. L'appareil, pendant cette manœuvre, pivote autour de son axe, et le faisceau lumineux est projeté sur le terrain parcouru. Le champ de la lunette étant environ double de

celui de l'appareil, les deux postes arriveront sûrement à
se trouver en divisant le terrain en demi-secteurs.

Afin d'éviter toute perte de temps, les postes, appelés à
échanger fréquemment des dépêches, conviennent de certaines heures pour se chercher. Dans le cas contraire, on
pourrait faire usage de fusées ou de torches de couleurs
conventionnelles comme feu fixe. Ce sont là des questions
de pratique que le télégraphiste doit apprécier et dont il
doit faire usage à propos.

SECRET DES COMMUNICATION SOPTIQUES. — *Cryptographie.*
— *Conservation matérielle et automatique des communications.* — La télégraphie optique, en raison de son
principe même, présente cet avantage et cet inconvénient
de ne laisser aucune autre trace automatique des correspondances qu'elle transmet. L'avantage est bien évident
pour le cas où un poste de télégraphie optique de campagne
se trouve enlevé par l'ennemi; l'inconvénient se présente
d'autre part dans le cas où un télégramme mal transmis ou
mal collationné laisse subsister une ambiguïté sujette à
contestation. On peut craindre de plus, en cas de luttes
entre des nations civilisées et disposant de toutes les ressources de la science, qu'un poste optique ennemi ne se
substitue au poste correspondant et n'abuse de la situation
pour jeter le trouble dans les ordres transmis; le remède
à ce dernier inconvénient paraît être dans l'emploi de la
cryptographie et dans l'échange à différents intervalles, ou
tout au moins lorsque les ordres transmis deviennent
suspects, de mots d'ordre prévus à l'avance et ignorés
sûrement de l'ennemi.

Quant à la conservation automatique des télégrammes
qui, si elle n'était pas utilisée en première ligne, pourrait
rendre de si grands services dans le réseau optique des
places fortes, entre les observatoires, elle n'a pas reçu
encore, malgré d'importantes recherches, de solution satis-

faisante. On a proposé notamment de relier la clé du manipulateur de l'appareil optique à un manipulateur d'appareil Morse ordinaire, ce qui permettrait de conserver sur une bande de papier la trace du télégramme transmis. Il va sans dire que l'étendue occupée par une dépêche ainsi transmise serait considérable; mais ce n'est pas là ce qui a arrêté les novateurs : la principale objection réside dans le surcroît de travail musculaire imposé par ce dispositif, cependant bien simple, au télégraphiste optique. Obligé d'avoir l'œil à la lunette réceptrice avec une attention soutenue, en même temps qu'il joue du manipulateur ou qu'il épèle à haute voix les signaux reçus, l'opérateur a besoin de trouver ce manipulateur très sensible et d'échapper à toute surcharge extérieure morale ou physique. Aussi les appareils combinés dans ce sens n'ont-ils pas eu grand succès [1].

Deux officiers français suivant, sans s'être consertés, un ordre d'idées analogue, ont été mieux inspirés en se proposant de recueillir directement, sur leur parcours, les indications transmises par la vibration même du faisceau lumineux. Il ne saurait être indiscret, au point de vue patriotique, de signaler le principe qui a été utilisé par eux et qui a été l'objet de communications très intéressantes à l'Académie des Sciences. Il consiste à se servir de la propriété particulière du sélénium de devenir bon conducteur sous l'action d'un rayon lumineux, alors qu'il s'oppose totalement, dans l'obscurité, au passage du courant électrique. Cette modification de propriétés physiques du sélénium se produit, d'ailleurs, sans développement sensible d'aucun travail mécanique. Si donc, sur le trajet du faisceau lumineux émis par l'appareil optique ou sur une partie seulement de ce faisceau, on interpose un fragment de sélénium

---

1. Nous signalerons cependant un bon dispositif de ce genre, récemment établi par M. Ducretet, constructeur à Paris.

relié aux deux pôles d'une pile locale, il est facile de comprendre que le courant de cette pile aura son écoulement ouvert ou fermé suivant que le rayon lumineux de l'appareil optique viendra ou non frapper le sélénium et que le courant passera plus ou moins longtemps suivant la longueur des attaques lumineuses. Un appareil Morse très sensible interposé dans ce circuit annexe donnera donc une inscription automatique de la correspondance échangée. Tel est le principe.

Dans l'application, les plus grandes difficultés se présentent : il faut compter avec la fatigue du sélénium dont les propriétés électriques s'atténuent très rapidement, avec la nécessité de ne recourir qu'à des actions mécaniques infiniment petites, etc. Le problème est néanmoins posé, et il est permis d'espérer que l'opiniâtreté des savants qui le poursuivent en obtiendra quelque jour une solution bien méritée par de si patriotiques et de si intelligents efforts.

Signalons enfin les tentatives faites pour recevoir l'impression lumineuse sur une bande préparée au gélatino-bromure d'argent. Cette bande sensibilisée se déroulerait, dans la pratique, d'un mouvement uniforme au foyer de la lunette réceptrice placée à cet effet dans une sorte de boîte formant chambre noire. Un mouvement d'horlogerie réglerait à volonté la vitesse de cette bande préparée de façon à photographier les signaux. Les expériences faites n'ont pas encore donné de résultats absolument satisfaisants, en raison de la longueur des signaux reçus et de la complication mécanique du dispositif.

TÉLÉGRAPHIE OPTIQUE AU MOYEN DE PROJECTEURS. — Les projecteurs, utilement employés pour l'éclairage à distance des abords d'une place forte ou d'un navire, ont reçu également une application aux intercommunications de la télégraphie optique. A cet effet, MM. Sautter, Lemonnier et Cⁱᵉ,

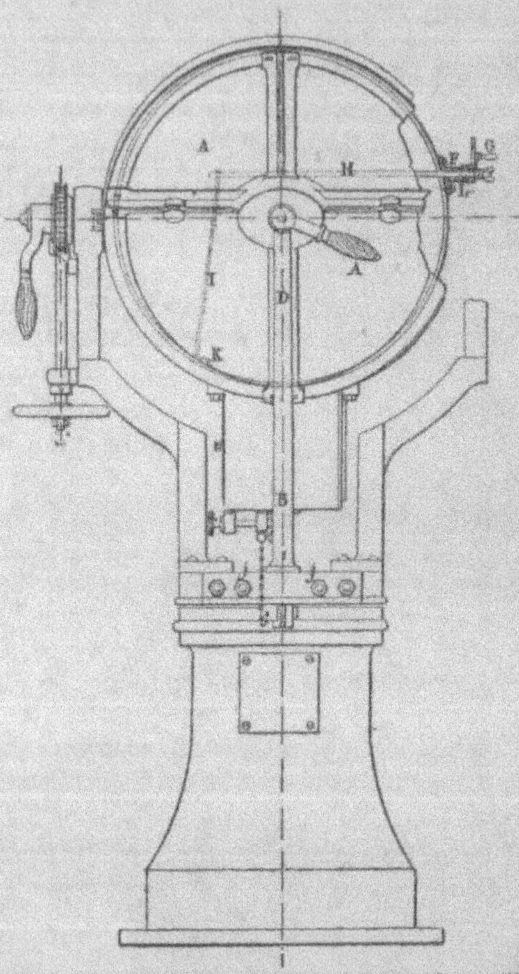

Fig. 21. — Projecteur Mangin de 600, avec miroir auxiliaire pour
signaux. — Vue de face.

*Légende.*

A Miroir elliptique avec son axe (pour
  les signaux);
B Bras du miroir;
C Ecrou à poignée fixant l'angle du
  miroir;
D Support du miroir fixé sur le socle;
E Occultateur;
F Support de l'occultateur;
G Levier de manœuvre de l'occultateur;

H Tige de l'occultateur;
I Support de la tige de l'occultateur;
J Vis fixant le support du miroir;
K Vis fixant le support de la tige de
  l'occultateur;
L Vis fixant le support de l'occultateur.

Échelle : 1/15.

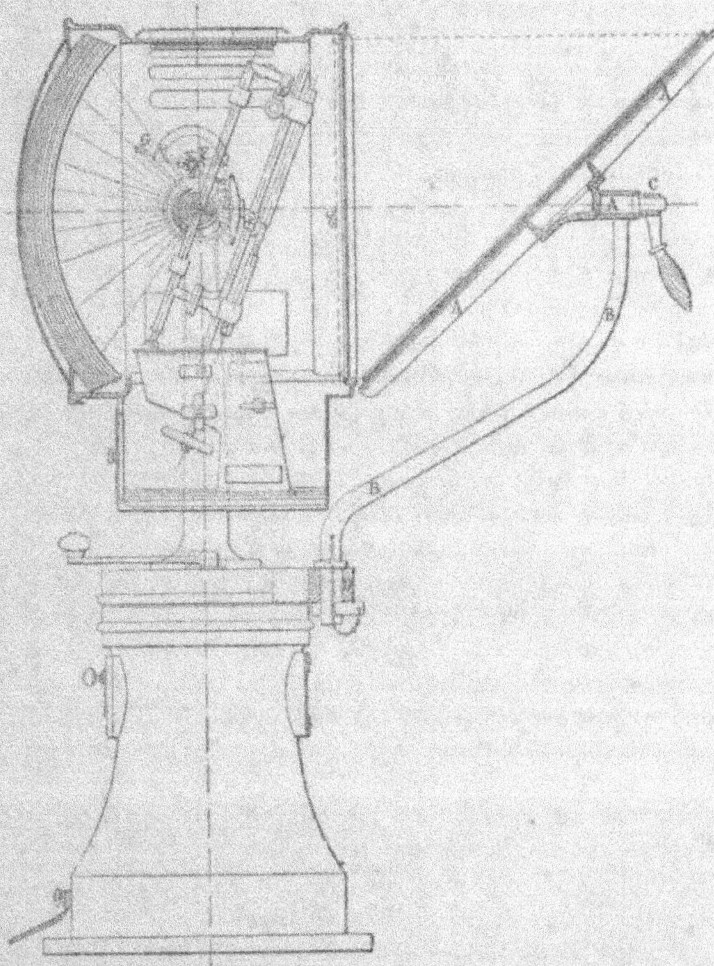

Fig. 22. — Coupe longitudinale de l'appareil Mangin, construit
par MM. Sautter, Lemonnier et Cie.

les habiles constructeurs de Paris, ont ajouté à l'appareil de projection usuel, sortant de leurs ateliers, des dispositions particulières permettant des occultations à intervalles convenables du foyer lumineux. Les dessins ci-dessus (fig. 21 et 22), que nous devons à l'obligeance des constructeurs, en indiquent la disposition.

Le principe est le suivant : lorsque le projecteur a son axe dirigé vers les nuages et dans la direction occupée par un poste à projecteur correspondant, les occultations de la source lumineuse placée au foyer de l'appareil produisent sur le nuage, lequel constitue une sorte d'écran opaque, une série d'extinctions et de mises en lumière alternantes. On peut donc, avec ce dispositif, en recourant toujours aux signes conventionnels de l'alphabet Morse, établir une communication optique à distance. L'emploi du projecteur, dont le principal inconvénient est de supposer par hypothèse un ciel nuageux, permet même à deux observateurs dont le relief du sol empêche la vue directe, de communiquer facilement à 60 ou 80 kilomètres de distance. C'est là un avantage à signaler sur les appareils de télégraphie optique que nous avons précédemment décrits et qui nécessitent l'occupation par les télégraphistes de postes élevés du haut desquels ils puissent réciproquement s'apercevoir et se viser.

Emploi du projecteur en télégraphie optique. — L'appareillage désigné sur les figures 21 et 22 par les lettres de la légende de A à L, permet de faire les signaux de télégraphie optique de trois manières :

1° *Sur les nuages*. — Le miroir A est enlevé et le projecteur incliné au-dessus de l'horizon de manière à éclairer les nuages le plus loin possible. La manœuvre de l'occultateur E placé entre la lampe et le miroir du projecteur arrête les rayons lumineux de la source ou les laisse passer, et produit ainsi sur les nuages les brèves et les longues de l'alphabet conventionnel ; c'est la communication optique, par projecteur, à grande distance ;

2° *Communication isolée par faisceau lumineux.* — Lorsque l'on veut correspondre à courte distance, (3 ou 4 kilomètres), et établir une communication entre deux postes isolés, on met en place le miroir A sur son support B. Le faisceau lumineux émané de la source réfléchie par le miroir forme un panache lumineux vertical. En faisant tourner le miroir A de 90° autour de son axe horizontal, le panache devient horizontal ; il peut être ainsi lancé dans une direction donnée à des intervalles inégaux et pendant des temps inégaux, et fournir ainsi les signes conventionnels.

3° *Communication de nuit sur tout l'horizon.* — Lorsque l'on veut correspondre à courte distance (3 kilomètres environ) et faire des signaux visibles de tout l'horizon, ce qui est le cas ordinaire dans la marine, le miroir est mis en place, il réfléchit verticalement le faisceau lumineux, lequel, à 15 mètres environ, rencontre un ballon blanc, qu'il rend visible de tous les points de l'horizon. La manœuvre de l'occultateur par longues et par brèves, tire le ballon de l'ombre ou l'y replonge et produit les signes nécessaires à la communication aérienne.

Ces dispositions ingénieuses, mais dépendantes de l'état de l'atmosphère, ne paraissent guère devoir être imitées en dehors de la flotte.

RÉSUMÉ. — Tels sont, à grandes lignes, les principes sur lesquels reposent la télégraphie optique et ses applications. Ses services antérieurs dans un passé bien restreint encore, lui assurent évidemment un important avenir, et l'on peut dire que, sur ce terrain, le militaire, le savant et le mécanicien ingénieux se donnent la main avec une rare utilité. Il y a donc beaucoup à espérer de ses progrès.

Avant de quitter cet important sujet, il convient de dire

quelques mots de diverses applications des communications optiques proposées ou usitées dans l'armée de terre et dans la marine et qui rentrent précisément dans le cadre de la télélogie optique.

SYSTÈME DE TÉLÉGRAPHIE OPTIQUE DU CAPITAINE GAUMET. — Le système de communication optique proposé par le capitaine Gaumet, et qu'il a nommé le *télélogue*, repose sur la *visibilité* des objets colorés ou lumineux et sur la possibilité de percer le rideau opaque constitué par l'atmosphère entre l'œil de l'observateur et un signal, en utilisant la *différence d'éclat* qui existe entre cet objet et l'atmosphère. Il s'agit donc de donner à cette différence d'éclat son maximum d'intensité. Pour y arriver, le capitaine Gaumet propose d'employer des signaux argentés sur fond noir. Il se sert simplement des lettres de l'alphabet, sauf à introduire la cryptographie dans les communications. Son appareil a la forme d'un grand album collé par le dos à un pupitre incliné ; chaque lettre argentée collée sur un fond de drap noir, se détache sur le registre ouvert ; une sorte de répertoire, placé latéralement comme dans les registres de commerce, permet de découvrir à volonté et rapidement telle ou telle lettre. Tel est le *manipulateur* de l'appareil.

Le récepteur consiste en une longue-vue fixée à la planchette de bois qui porte le registre. Pour une portée de 4 kilomètres, l'appareil complet, avec manipulateur de 40 × 30 centimètres et lunette, pèse seulement 2 kilogr. Pour une portée de 8 kilomètres, avec manipulateur de 70 × 50 et lunette d'un grossissement de 40 diamètres, le poids total est de 6 kilogr. Les appareils de grande portée peuvent, au dire de l'inventeur, s'employer jusqu'à 12 kilomètres.

Pour le fonctionnement de nuit, le manipulateur est éclairé soit par une lampe, soit par deux lampes à réflecteur placées latéralement contre lui.

Cet appareil, bien que connu et ayant été l'objet d'expériences publiques, n'a pas, à notre connaissance, reçu d'applications. Au point de vue militaire, sa faible portée ne lui permet évidemment pas de lutter avec les appareils de télégraphie optique proprement dits. Peut-être pourrait-il rendre plutôt des services pour les communications privées entre des localités peu éloignées les unes des autres et séparées par des obstacles naturels, car il est peu coûteux, d'un maniement facile et dispense des autorisations, parfois difficiles à obtenir, que nécessite l'établissement de la correspondance privée par le télégraphe électrique.

COMMUNICATIONS OPTIQUES PAR SIGNAUX ENTRE LES CORPS DE TROUPES. — Les communications optiques par signaux de jour et de nuit toujours faciles à mettre en œuvre, avec des hommes exercés, en l'absence de téléphones, de télégraphes et d'estafettes peuvent rendre des services importants dès lors que la distance séparant des corps de troupe est supérieure à 600 mètres. Nous allons brièvement en examiner le principe et les applications.

C'est toujours sur la convention de l'alphabet Morse, le trait et le point, que repose ce mode de correspondance justement apprécié par des esprits de valeur.

Les signaux, dans ce système, se subdivisent en *signaux de jour* et *signaux de nuit*.

Les signaux de jour se font au moyen de fanions-signaux pour lesquels on peut employer les fanions en usage dans les corps de troupes. A défaut de ceux-ci, on peut même employer des cartons blancs faciles à transporter.

Les signaux de nuit se font au moyen d'une lanterne-signal munie d'un pied, que l'on peut placer à poste fixe sur un mur ou même emmancher sur une baïonnette.

Nous n'entrerons pas dans le détail du fonctionnement des signaux dont le principe est facile à saisir.

Pour les signaux du jour, le *trait* de l'alphabet Morse se fait au moyen des deux fanions (fig. 23) tenus simultané-

Fig. 23.

ment à bout de bras par le signaleur ; le point se fait avec un seul fanion tenu au bout du bras droit (fig. 24). On

Fig. 24.

peut ainsi, par des combinaisons éminemment simples, établir toute correspondance et produire tout signe conventionnel. Au moyen de stations-relais, on peut renvoyer les signaux d'un poste à un autre et multiplier dans une assez grande limite la distance d'intercommunication.

Pour les signaux par lanterne, on produit au moyen d'un écran des interruptions longues et brèves de la source lumineuse. C'est alors de la véritable télégraphie optique, sauf la distance de projection, les appareils lumineux devant être très portatifs et ne pouvant d'ailleurs, sans danger, dépasser une certaine portée, sous peine de devenir une précieuse indication pour le camp adverse.

TÉLÉGRAPHIE OPTIQUE PAR BALLONS LUMINEUX. — Divers essais intéressants ont été faits pour utiliser des ballons captifs lumineux en vue des communications optiques. Cela est réalisable, comme nous l'avons vu, en employant des ballons opaques sur lesquels on dirige à intervalles inégaux un faisceau lumineux à l'aide d'un projecteur.

Quant à faire usage d'une source lumineuse placée dans la nacelle de ces ballons captifs, il n'y faut pas songer dans l'état actuel de la science aéronautique ; le mouvement continuel de rotation autour de leur axe dont ils sont mécaniquement affectés, rendrait la projection et la réception des signaux dans une direction déterminée également impossibles.

LA TÉLÉGRAPHIE OPTIQUE DANS LA MARINE. — La Marine fait usage, pour les communications optiques, de navire à navire, pendant le jour, de pavillons de formes et de couleurs différentes, flammes, trapèzes ou pavillons carrés. Entre les navires et la terre, on emploie les signaux dits sémaphoriques, réalisés au moyen d'un mât vertical muni de trois bras et d'un disque placé à la partie supérieure. Les combinaisons de signes que l'on obtient ainsi, et qui sont analogues, en principe, à celle du télégraphe Chappe, permettent de communiquer à distance d'une façon satisfaisante.

A bord, par assimilation, on utilise des signaux dits à bras dans le genre de ceux dont se sert l'armée de terre pour l'intercommunication entre les corps de troupes. L'usage du téléphone et la généralisation des procédés de la télégraphie optique aux sémaphores apporteront sans doute dans l'avenir, des modifications utiles à ces anciens errements. Il faut noter cependant la difficulté sérieuse qu'il y a à faire d'un navire, flotteur essentiellement mobile quelles que soient ses dimensions, un poste fixe commode à utiliser pour la télégraphie optique.

Pour les communications de nuit, la Marine fait usage de fanaux correspondant aux pavillons de jour, de fusées et aussi de rayons lumineux projetés à distance au moyen de réflecteurs et interceptés au moyen d'écrans qui rentrent absolument dans la généralité des appareils optiques de l'armée de terre comme principe et comme fonctionnement.

## Établissement de communications optiques entre l'île de la Réunion et l'île Maurice.

La penséede réunir les deux îles de la Réunion et Maurice au moyen de signaux optiques remonte à l'année 1881.

M. Léon-Pierre Adam, capitaine au long cours, ancien officier volontaire de la marine française, plus tard officier des Messageries maritimes, petit-fils de l'illustre amiral Bouvet et exerçant à Maurice les fonctions d'expert de l'amirauté pour les consulats, a conçu et mis à exécution cette belle entreprise.

Séduit par les magnifiques travaux de jonction géodésique menés à si bonne fin, en 1880, entre l'Espagne et l'Afrique, par M. le général Perrier et le général espagnol Ibanez, M. Adam conçut le projet d'appliquer à des communications intercoloniales les magnifiques appareils télescopiques du colonel Mangin.

Ce projet lui parut d'autant plus séduisant que toutes les tentatives faites dans le but de relier les deux îles par un câble sous-marin avaient échoué, et les efforts récemment tentés par le commandant Bridet étaient encore restés sans résultat.

Cependant M. Bridet avait fait valoir en personne, à Paris, auprès des pouvoirs compétents et avec l'autorité qui s'attachait à sa personne, l'importance considérable que de telles communications auraient pour la Réunion, par rapport aux cyclones qui la menacent sans cesse pendant l'hivernage, et qui pourraient, grâce à la position géographique de Maurice sur la trajectoire suivie par ces météores, nous être annoncées vingt-quatre et même trente-six heures à l'avance.

Après avoir mûrement étudié toutes les conditions de réussite des signaux optiques, M. Adam, qui, malheureusement n'avait pas les moyens d'en entreprendre les essais, s'adressa au public mauricien et obtint ainsi les premiers fonds nécessaires à l'achat des appareils spéciaux.

Les publications qu'il fit à Maurice sur son projet passèrent le canal et trouvèrent à la Réunion un partisan enthousiaste, M. Edouard du Buisson, qui devint et est encore son principal collaborateur.

C'est par lui, en effet, que les chambres de commerce et d'agriculture et des amis nombreux s'intéressèrent à son œuvre, et qu'un syndicat de dix membres se constitua pour assurer les travaux préliminaires et poser les bases d'une Société d'exploitation.

Ce syndicat se composait de :

M. E. Grenard, conseiller privé; P. Bridet fils, propriétaire; E. Pelagaud, docteur ès lettres et en droit; Jules Gerard, directeur de la Société agricole et sucrière; Z. Bertho fils, agent des Messageries maritimes; Joseph Bertho, capitaine au long cours, négociant; Jean Bertho, capitaine au long cours; L.-P. Adam, capitaine au long cours; Ed. du Buisson, comptable.

Grâce à la bienveillante intervention de M. le colonel Mangin, directeur des communications aériennes au Ministère de la guerre et de M. Marié-Davy, directeur de l'Observatoire de Montsouris, le département de la guerre consentit à céder deux appareils télescopiques de 0ᵐ,60, mais à la condition *sine qua non* que M. Adam viendrait en personne à Paris, pour en apprendre le maniement.

Il partit au mois d'août 1882, passa un mois à Paris et fut admis le 2 octobre, sous les auspices de M. Faye, à présenter son projet à l'Académie des sciences, qui, après en avoir pris connaissance, nomma une commission pour en suivre la réalisation et faire son rapport en temps et lieu.

Dans les derniers jours d'octobre, M. Adam était de retour à Maurice, après avoir laissé à la Réunion, en passant, les appareils destinés au poste de cette île.

Il était trop tard pour songer aux essais avant la mauvaise saison et il fallut vaincre bien des résistances auprès du Gouvernement anglais pour obtenir le droit d'établir sur le sommet du Pouce, à Maurice, le poste de cette île. A la Réunion, le Conseil général accorda à M. Adam une somme de 3,000 francs pour la construction de celui du Bois-des-Nèfles.

Au mois de février 1883, après avoir employé le temps écoulé à l'instruction de quelques aides, il vint à la Réunion, laissant à Maurice M. Henri Morillon; vers la fin d'avril, les appareils étaient en place, et le 6 mai tous les travaux préparatoires étant terminés, les repères d'horizon établis par le calcul, les premiers rayons solaires réfléchis par un miroir plan d'un mètre carré furent dirigés sur le Pouce à Maurice.

Le pic du Bois-des-Nèfles (aujourd'hui Pic d'Adam), est à 1,130 mètres au-dessus du niveau de la mer et le Pouce à 750 mètres. La distance qui les sépare l'un de l'autre est de 215 kilomètres.

Telle a été la précision des calculs auxquels M. Adam dut avoir recours pour déterminer son horizon, qui n'avait pas été visible un seul jour depuis le début de son opération, que la première fois qu'il lui apparut dans la lunette de son appareil, la différence ne se trouva pas être de plus de 30 secondes, c'est à dire presque nulle.

Le 18 mai et jours suivants, M. Morillon aperçut fort distinctement, du Pouce, les éclats du miroir, sous l'apparence d'une étoile rouge orange dont l'intensité était estimée par lui à deux fois et demie celle de Vénus.

M. Adam, après ce résultat qui anéantissait toute crainte d'échouer dans son entreprise, partit pour Maurice afin d'y constituer son poste et orienter ses appareils.

Une difficulté l'attendait sur le sommet du Pouce. L'endroit d'où M. Morillon avait vu les rayons solaires était situé en un point où il y avait impossibilité absolue de construire ; d'autre part, le faisceau lumineux passait à toucher un autre sommet dénudé dont l'échauffement, pendant les fortes chaleurs, aurait influencé la bonne direction du faisceau lumineux.

Il fallut chercher, dans le sud-ouest de l'île, un poste plus favorable et le choix s'arrêta sur le Pie-Vert qui rapprochait les distances de 25 kilomètres, mais nécessitait le maintien au Pouce d'un poste secondaire, afin de communiquer avec la ville ; M. Adam y employa de petits appareils construits par lui de toutes pièces.

Du Pie-Vert on relève le Pic d'Adam au sud, 70° 30' ouest du méridien.

La constitution du nouveau poste au Pic-Vert fut l'occasion de nouvelles difficultés de la part du gouvernement anglais ; mais l'intervention de M. le gouverneur de la Réunion les aplanit.

Le 7 décembre 1883, au moment même où M. Morillon, occupant le poste de la Réunion, lançait les rayons de son appareil à M. Adam au Pic-Vert, au moment où ces rayons vus plusieurs fois et très rapidement, allaient servir à braquer définitivement les télescopes, un cyclone s'abattit sur le sud de l'île Maurice, démolit la cabane, et faillit faire périr le personnel et détruire les appareils.

Force fut de renvoyer les opérations au mois de mai, pour attendre la belle saison.

Toutes ces contrariétés épuisaient les ressources, mais non l'énergie et la confiance de M. Adam, soutenu par son syndicat de la Réunion. Le retour du beau temps le trouva prêt à reprendre ses travaux, le poste du Pic-Vert fut réparé, les appareils remis en position.

C'était au mois d'avril 1884 ; le savant calculateur eut l'idée de déterminer le jour où, dans sa marche en déclinaison vers le nord, le soleil se lèverait à l'azimut vrai correspondant à un rayon passant par les deux postes Pic-Vert à Maurice et Pic-d'Adam à la Réunion.

La solution du problème fut adressée à M. du Buisson avec prière de braquer les appareils sur le centre du soleil, à son lever le 30 avril.

Le soleil fut visible à $2^e$ au-dessus de l'horizon, et les appareils purent être si heureusement braqués, grâce au calcul de M. Adam que, dès le premier moment où les faisceaux lumineux furent dirigés vers le point donné, ils furent aperçus par l'observateur de Maurice.

M. Adam vint alors à la Réunion pour mettre la dernière main à son œuvre et obtenir la correspondance, une déception l'attendait : après six jours de vaines tentatives, ayant acquis la preuve que son observatoire, si commode par sa proximité de la ville, était trop élevé, et, décidé à en descendre, il voulut se rapprocher, afin d'avoir un nouvel élément de succès.

En huit jours, il eut exploré toute la partie est de l'île et fixé son choix sur le Pic-Lacroix haut de 630 mètres et situé à Sainte-Rose. Revenir, déménager tous les appareils, les transporter à 80 kilomètres, improviser un poste, y loger les instruments fut pour cet homme énergique l'affaire de quelques jours. A ses amis découragés qui le voyaient partir il disait :

« Dans quinze jours, je télégraphierai avec Maurice. »

Il tint parole : le 12 juillet, communiquant avec la ville, au moyen d'un poste optique secondaire improvisé à Saint-Benoît, il télégraphiait à M. du Buisson : « Braqué sur Pic-Vert, Pic-Vert braqué sur moi, télégraphierai avec Maurice ce soir. »

Ce sont les éclats du miroir de Maurice qui furent vus de la Réunion, éblouissant comme un second soleil à l'horizon. Les appareils du colonel Mangin, réglés alors et éclairés au pétrole, se trouvèrent en communication à la nuit ; dès ce premier soir, on conversa entre les deux îles avec la plus grande facilité, pendant plusieurs heures, et les dépêches continuèrent à être échangées les jours suivants.

Les registres des deux postes font foi de l'échange pendant vingt jours, jusqu'à la fin de juillet, de vingt-huit télégrammes comptant ensemble deux cent quatre-vingt-douze mots.

C'était plus qu'il n'en fallait pour démontrer la possibilité des communications régulières, surtout en réfléchissant qu'on n'opérait qu'à l'aide d'une simple lampe à pétrole ordinaire et avec un personnel tout à fait inexpérimenté.

M. Adam suspendit ses expériences, en attendant que la Société projetée pût, en réalisant son capital, lui donner les ressources nécessaires, à l'établissement de postes solides et à l'emploi de la lumière électrique, qui permettra la communication de jour et de nuit.

Pendant que le syndicat s'est occupé de constituer la Société intercoloniale des signaux optiques, dont les statuts sont signés, le conseil général de la Réunion lui a accordé un subside de 6,000 francs. M. Adam, de son côté, agissait auprès de sir John Pope Hennesy, le nouveau gouverneur de Maurice pour obtenir un embranchement télégraphique sur le Pic-Vert ; cette dépense, montant à près de 50,000 francs, a été votée par le conseil colonial.

Mais la question prend, aux yeux des Mauriciens, une importance bien plus grande depuis qu'on parle de la pose prochaine d'un câble aboutissant à la Réunion ; car ils comprennent que la Société des signaux optiques peut les relier très économiquement à la tête du câble, sans de mander l'énorme contribution que leur coûterait la continuation du dit câble, eu égard aux difficultés d'atterrissage qu'offre Maurice et aux dangers du canal intercolonial.

Tel est l'historique de l'entreprise de M. Adam qui est entrée en 1885 dans la période du fonctionnement régulier et actif. La Société qui s'est formée au capital de 75,000 francs, a le droit de compter sur l'appui du gouvernement français pour arriver à asseoir son opération sur des bases durables. M. Adam a aujourd'hui l'assurance que, le jour où il fonctionnera, le gouvernement Mauricien viendra largement à son aide ; mais il ne le fera qu'avec la certitude d'avoir le câble à la Réunion.

L'initiative de ceux qui ont aidé M. Adam à la réalisation d'une idée qui avait paru chimérique à la plupart, jusqu'à l'heure de sa réalisation, appelle l'attention du gouvernement français.

Est-ce l'appât d'un déplacement avantageux qui a guidé les membres du syndicat des signaux optiques ? Non !

La première pensée, celle qui a dominé dans l'esprit de M. Adam comme dans celui de ses amis, est celle qui a dominé chez M. Bridet lorsqu'il demandait à l'État un câble sous-marin entre les deux îles c'est-à-dire la réalisation d'un moyen de prévenir la colonie de la Réunion des cyclones qui la menacent. A côté de l'intérêt matériel, il y a celui des existences humaines si souvent surprises à bord des navires qui fréquentent ces rades[1].

Puis vient l'intérêt commercial entre deux places qui échangent annuellement plus de vingt mille lettres et donnent lieu à un mouvement d'affaires maritimes très important.

Enfin l'intérêt scientifique, dont la haute portée est attestée par le bruit que l'événement a fait dans le monde savant de la Métropole, et par l'attention dont il a été l'objet de la part des sommités de la science.

A ces différents titres, la Société des signaux optiques peut et doit compter parmi les œuvres d'utilité publique, et s'est rendue digne de toute la sollicitude du gouvernement français.

Quant au mérite de M. L.-P. Adam, à la valeur scientifique qu'il a montrée dans la réalisation du difficile problème qu'il s'est posé, ils sont au-dessus de tout éloge. Depuis la jonction de l'Afrique à l'Espagne par le général Perrier, il a réalisé la plus belle application des communications optiques à grande distance, et encore faut-il ajouter qu'au lieu d'opérer avec l'électricité, il n'a employé que les rayons solaires et un miroir plan pour établir la communication et la lampe à pétrole pour l'éclairage des dépêches.

CONCLUSION. — Sortie depuis quelques années à peine du domaine de la théorie pour entrer dans celui de la pratique effective, la télégraphie optique a pris d'emblée une place remarquable dans l'art militaire et dans la science. C'est grâce à ses procédés que M. le général Perrier a pu réaliser, en ces dernières années, des travaux géodésiques remarquables qui eussent été jadis impraticables, notamment le

1. Témoin la perte cruelle de l'aviso français, *Le Renard*, disparu corps et biens avec cent hommes d'équipage au commencement de l'année 1885.

prolongement de l'arc du méridien entre la France et l'Espagne. Récemment, la communication optique établie entre l'île Maurice et l'île de la Réunion à 215 kilomètres de distance, avec des appareils de 0ᵐ,60 cédés par le département de la guerre, prouvait, comme nous l'avons relaté, que, dans certains cas, la pose toujours si coûteuse d'un câble sous-marin peut être évitée et remplacée par l'émission directe d'un rayon lumineux.

La France est en droit de constater avec une juste fierté que, cette fois encore, elle a été l'initiatrice et que, dans la voie du progrès, ses soldats et ses savants se sont donné la main. C'est le feu sacré de la Gaule qui brillait en 1870 au foyer des appareils optiques du siège de Paris ; ni les revers ni le temps ne peuvent éteindre son rayonnement qui éclaire l'avenir[1] !

<hr>

1. Voir aussi : *Revue de l'Exposition d'électricité au Palais de l'Industrie*, publication du *Génie civil* ; — la *Télégraphie optique*, par Rodolphe van Wetter, sous-lieutenant d'artillerie de l'armée belge (Imprimerie de la Montagne, à Anvers) ; — *Rapport sur l'exposition internationale d'électricité de Paris*, par le capitaine du génie belge Malevé ; — *Journal des sciences militaires*, Baudoin, éditeur, Paris ; *Appareils de télégraphie optique, instructions*, Baudoin, éditeur, Paris ; le *Mémorial de l'Officier du génie français* ; — *Physique et Chimie populaires*. J. Rouff, éditeur, Paris.

# CHAPITRE II

## LA CRYPTOGRAPHIE

PAR

HENRI MAMY

# LA CRYPTOGRAPHIE

La cryptographie (κρυπτος, caché; γραφω, j'écris) est l'art
d'écrire, avec des signes spéciaux ou conventionnels, un
texte qui ne doit être compris que des initiés, de ceux qui
ont la clef du système, c'est-à-dire connaissent la convention suivant laquelle a été faite la transformation du
texte convenu ou chiffré. On l'appelle aussi quelquefois
polygraphie.

Le texte clair est le texte écrit comme à l'ordinaire et
compris par tout le monde. Le texte secret peut être écrit
en langage convenu ou en langage chiffré.

Le langage convenu emploie les mots de la langue usuelle,
mais en leur donnant une signification différente de celle
qu'ils ont d'ordinaire, d'après une convention déterminée.

Le langage chiffré emploie des chiffres, des lettres ou
d'autres signes conventionnels, notes de musiques, etc.,
pour représenter des lettres, mots ou phrases du langage
clair. Un cryptogramme est un texte secret.

Le cryptographe ou déchiffreur a pour mission de composer et de déchiffrer les cryptogrammes.

S'il est impossible de fixer une date précise à l'invention
et à l'emploi de la cryptographie on peut dire, du moins,
qu'elle remonte à une haute antiquité; certains auteurs la
croient même antérieure à l'écriture.

Tout système de signes conventionnels destinés à représenter et à remplacer le langage clair et qui, pour une cause quelconque, n'est connu que d'un certain nombre de personnes, peut être classé dans la cryptographie. Les sciences nous en offrent plusieurs exemples. Sans parler du langage symbolique des astrologues et des alchimistes, n'est-ce pas un véritable langage secret, compris seulement des initiés, que ces notations et équations chimiques employées aujourd'hui, ou bien encore que ces formules d'algèbre et d'analyse mathématique, absolument indéchiffrables pour ceux qui n'ont pas la clef de cette sténographie toute spéciale ?

L'écriture avec les encres sympathiques est aussi un mode de cryptographie. On sait que ces encres, invisibles dans les conditions habituelles, apparaissent dès que l'on a chauffé le papier, ou qu'on l'a soumis à l'action d'un réactif chimique convenable.

C'est ainsi que des caractères tracés avec une solution faible de chlorure de cobalt apparaissent d'un beau bleu dès que l'on chauffe le papier. On peut écrire avec un sel de plomb, et la lettre apparaîtra en noir dès qu'on aura soumis le papier aux vapeurs sulfhydriques. Les jus d'oignons, de pommes, de citrons, prennent aussi une teinte foncée sous l'action de la chaleur.

On a proposé également de se servir des notes de musique, en les combinant avec les clefs et les mesures, pour représenter les lettres de l'alphabet et permettre ainsi le chiffrement d'un texte clair.

Enfin on peut faire rentrer dans la cryptographie les écritures à disposition convenue, dont le sens est complètement modifié, suivant qu'on les lit de telle ou telle manière.

Un exemple célèbre de cette combinaison est la lettre de Mme de Saint-André au prince de Condé, emprisonné à Orléans, en 1560, après la conjuration d'Amboise.

Cette lettre était disposée ainsi :

> Croyez-moi, prince, préparez-vous à
> la mort. Aussi bien vous sied-il mal de
> vous défendre. Qui veut vous perdre est
> ami de l'État. On ne peut rien voir de
> plus coupable que vous. Ceux qui
> par un véritable zèle pour le roi,
> vous ont rendu si criminel, étaient
> honnêtes gens et incapables d'être
> subornés. Je prends trop d'intérêt à
> tous les maux que vous avez faits en
> votre vie, pour vouloir vous taire
> que l'arrêt de votre mort n'est plus
> un si grand secret. Les scélérats,
> car c'est ainsi que vous nommez ceux
> qui ont osé vous accuser, méritaient
> aussi justement récompense, que vous
> la mort qu'on vous prépare : votre seul
> entêtement vous persuade que votre seul
> mérite vous a fait des ennemis,
> et que ce ne sont pas vos crimes
> qui causent votre disgrâce. Niez,
> avec votre effronterie accoutumée,
> que vous ayez eu aucune part à
> tous les criminels projets de
> la conjuration d'Amboise. Il n'est pas
> comme vous vous l'êtes imaginé, im-
> possible de vous en convaincre. À
> tout hasard, recommandez-vous à
> Dieu.

Mais le sens réel s'obtenait en ne lisant que les lignes
impaires, 1, 3, 5, etc..., ce qui donnait alors :

> Croyez-moi, prince, préparez-vous à
> vous défendre. Qui veut vous perdre est
> plus coupable que vous. Ceux qui
> vous ont rendu si criminel, étaient
> subornés. Je prends trop d'intérêt à
> votre vie pour vouloir vous taire
> un si grand secret. Les scélérats
> qui ont osé vous accuser méritaient
> la mort qu'on vous prépare : votre seul
> mérite vous a fait des ennemis
> qui causent votre disgrâce. Niez
> que vous ayez eu aucune part à
> la conjuration d'Amboise. Il n'est pas
> possible de vous en convaincre. A
> Dieu.

On voit qu'il y a là plutôt un jeu d'esprit assez difficile, qu'un procédé sérieux dont l'application puisse être générale et se plier, par exemple, aux communications télégraphiques.

Il existe un assez grand nombre de procédés ou de systèmes cryptographiques. Nous allons passer en revue les plus importants. L'excellent ouvrage de M. Aug. Kerckhoffs et l'intéressante étude qu'a publiée M. le capitaine Josse, dans la *Revue maritime et coloniale*, nous ont fourni de précieux renseignements sur cette question.

*Langage convenu.* — Le langage convenu consiste, comme nous l'avons indiqué plus haut, à employer des mots auxquels on convient de donner un sens tout différent de leur signification ordinaire, soit qu'ils représentent une lettre, soit qu'ils représentent un autre mot ou même un membre de phrase.

M. Gisquet, ancien préfet de police, raconte dans ses mémoires que, dans la correspondance relative au complot organisé en 1831 par le prince Louis Napoléon, les conjurés désignaient ce prince par M<sup>me</sup> Charles, la police par M. Pamberg, l'armée par M<sup>lle</sup> Amélie, etc.

L'argot employé dans certaine classe de la société n'est autre chose qu'un langage convenu.

On fit usage, pendant quelque temps, au XV<sup>e</sup> siècle, de l'*Ave Maria* de l'abbé Tritème; mais il n'était pas assez pratique pour que son emploi se répandît beaucoup.

On disposait 18 colonnes verticales, comprenant chacune, dans l'ordre naturel, les 25 lettres de l'alphabet. En face de chaque colonne, se trouvait un mot. Pour chiffrer un mot clair, on représentait sa 1<sup>re</sup>, sa 2<sup>e</sup> et sa 3<sup>e</sup> lettre, etc., par le mot qui, dans la 1<sup>re</sup>, la 2<sup>e</sup> et la 3<sup>e</sup> colonne, se trouvait en face de cette lettre. C'est ainsi, par exemple, que le mot *Demain* se serait trouvé chiffré par : *Accours Vénus, sanctuaire de grâce, le génie brille.*

Le langage convenu peut rendre de grands services, bien qu'il exige l'emploi d'un vocabulaire chiffré, qui peut être surpris, ce qui rend alors illusoire l'emploi de la correspondance secrète. Mais tant que ce vocabulaire reste secret, la correspondance reste indéchiffrable.

*Dictionnaires chiffrés.* — Il en est de même des dictionnaires chiffrés et des tables chiffrantes, ou bien de l'emploi de deux exemplaires identiques d'un même ouvrage. Dans ce dernier cas, l'envoyeur cherche dans son volume le mot qu'il veut adresser et le signale au destinataire par une convention faite d'avance et qui indique la page, la ligne et le rang du mot dans cette ligne. Par exemple, si le mot est le 3$^e$ de la 6$^e$ ligne de la 12$^e$ page, on pourra le représenter par 12 + 6 + 3, ou par tout autre mode de liaison de ces trois nombres, convenu d'avance.

Les tables chiffrantes et déchiffrantes, soit sous forme de tableaux, soit sous forme de livres, consistent à représenter les lettres, syllabes, mots ou membres de phrases usuels, par des nombres pris au hasard. Il faut avoir une table chiffrante et une table déchiffrante. Celle-ci contient, dans l'ordre de grandeur, tous les nombres de la table chiffrante et en face de chacun d'eux se trouve la lettre ou le mot qu'il représente. Les tables de M. Grivel sont les meilleures connues jusqu'à présent.

Les dictionnaires chiffrés offrent l'avantage de n'exiger qu'un seul volume, d'être d'un emploi facile et de procurer une économie qui n'est pas négligeable lorsqu'il s'agit, par exemple, des relations télégraphiques internationales. Ce sont aujourd'hui les modes de correspondance secrète de beaucoup les plus employés. Il en existe un assez grand nombre.

Leur principe est de représenter un mot par un nombre ou par une combinaison de lettres, renfermant, pour tous les mots, le même nombre de chiffres ou de lettres.

Le dictionnaire Sittler, par exemple, compose chaque page de 100 nombres de 2 chiffres, formés en prenant les 10 chiffres :

$$0 \quad 1 \quad 2 \quad 3 \quad 4 \quad 5 \quad 6 \quad 7 \quad 8 \quad 9$$

et faisant suivre chacun d'eux des 10 mêmes chiffres successivement :

$$00, \ 01, \ 02, \ 03 \dots \dots 52, \ 53, \ 54 \dots \dots$$

On obtient ainsi, par page, 100 groupes de 2 chiffres, représentant 100 mots, que l'on range par ordre alphabétique.

Le dictionnaire a 100 pages. Ces pages ne sont pas numérotées et les correspondants doivent convenir entre eux d'une pagination formée par les 100 nombres de 2 chiffres et dont le rang donné à la première page du dictionnaire sera la clef de la correspondance. Par exemple, on conviendra de donner à la première page le n° 35 ou 48, etc. Chaque mot sera alors transmis sur un groupe de 4 chiffres, représentant, dans un ordre convenu également, le numéro de la page et le nombre représentant le mot dans cette page. Il est bon de changer assez souvent de clef pour assurer la sécurité de la correspondance.

Le dictionnaire de Mamert-Gallian emploie, comme signes représentatifs, des groupes de 3 lettres, formés par les combinaisons 3 à 3 des 25 lettres de l'alphabet français. Dans ce système, comme dans le précédent, il est nécessaire d'adopter une clef qui augmente les difficultés du déchiffrement. Ce dictionnaire est commode et économique.

Il en existe également un certain nombre d'autres sur lesquels nous n'insisterons pas, non plus que sur les codes de signaux adoptés par les diverses marines et qui sont de véritables dictionnaires cryptographiques.

L'emploi des tables chiffrantes et déchiffrantes remonte

au XVII<sup>e</sup> siècle. Quant aux dictionnaires chiffrés, ils sont tout à fait récents et n'ont apparu qu'après la mise en pratique de la télégraphie électrique.

On peut dire que ce sont eux qui assurent le mieux le secret de la correspondance; malheureusement ils exigent le secret absolu et, dès lors, s'ils peuvent rendre de très grands services à la diplomatie, dont les bagages sont inviolables, leur emploi dans les services militaires présente de graves inconvénients.

Nous diviserons les divers systèmes cryptographiques qui ont été proposés ou employés, en deux grandes classes :

1° Ceux qui laissent subsister les lettres du texte clair, en les transposant dans un certain ordre. Ce sont les *méthodes de transposition;*

2° Ceux qui représentent les lettres du texte clair par des signes conventionnels. Ce sont les *méthodes d'interversion.*

Nous verrons que la combinaison de ces deux systèmes permet d'obtenir une indéchiffrabilité plus grande encore. Nous dirons enfin quelques mots des appareils spéciaux, appelés cryptographes, qui ont été imaginés.

Méthodes de transposition. — Ces méthodes, comme nous l'avons dit, conservent les lettres du texte clair, mais les écrivent dans un ordre différent, d'après une loi qui constitue la clef du système. C'est ainsi qu'on peut, par exemple :

1° *Écrire d'abord toutes les lettres impaires, puis les lettres paires.* — Le texte clair : *L'armée est en marche,* se chiffrerait alors comme suit :

*Lreetnaceamesemrh*

2° *Écrire la dépêche en la renversant, c'est-à-dire en*

*commençant par la fin.* — Le même texte clair deviendrait alors :

*chcramnetseeemral*

*3° Méthode des diviseurs à simple transposition.* — Dans la méthode des diviseurs, on compte le nombre des lettres du texte clair et on les dispose en un tableau formé par plusieurs lignes horizontales placées les unes au-dessous des autres. Si le nombre des lettres n'était pas un multiple exact du nombre des lignes horizontales, on ajouterait à la dernière ligne horizontale quelques lettres nulles, pour compléter le tableau. Ainsi, la phrase : *Le ministre est arrivé ici*, pourrait se disposer comme suit :

|   | 1 | 2 | 3 | 4 | 5 | 6 |
|---|---|---|---|---|---|---|
| 1 | L | e | m | i | n | i |
| 2 | s | t | r | e | e | s |
| 3 | t | a | r | r | i | v |
| 4 | e | i | c | i | x | y |

sur 4 lignes horizontales, dont la dernière a été complétée par deux lettres nulles, $x$ et $y$.

Nous avons donc 4 lignes horizontales et 6 colonnes verticales. La méthode de simple transposition consiste à intervertir d'une façon arbitraire, suivant une clef donnée, les colonnes verticales. Ainsi, au lieu de les écrire dans l'ordre naturel où elles se trouvent plus haut :

1, 2, 3, 4, 5, 6

on les écrira :

2, 1, 4, 3, 6, 5

ou tout autrement. Mais comme il faudrait un effort de mémoire trop considérable et presque impossible à donner, pour retenir cette clef numérique, ce nouvel ordre des colonnes verticales, surtout si le nombre de ces colonnes était assez grand, on a recours à une clef littérale que l'on transforme très aisément en formule numérique, comme nous allons le voir. Cette clef littérale est un mot ou une phrase, qui se retient facilement, sans notes écrites qui sont toujours dangereuses.

*Transformation d'une clef littérale en formule numérique.* — Pour transformer un mot en formule numérique, on écrit au-dessous de chaque lettre les nombres à partir de 1, en donnant à chaque lettre le nombre qui exprime son rang alphabétique dans le mot.

Par exemple, dans le mot *Régina*, la première lettre alphabétique est *a*, elle aura le nombre 1 ; la deuxième est *e*, elle sera marquée 2, et ainsi de suite. On aura de la sorte :

$$R\ é\ g\ i\ n\ a$$
$$6\ 2\ 3\ 4\ 5\ 1$$

et la clef *Régina* indiquera que les 6 colonnes verticales devont être transposées dans l'ordre 6 2 3 4 5 1. Il suffira de retenir *Régina* pour retrouver cet ordre.

C'est une méthode analogue qu'emploient les commerçants pour marquer en caractères secrets le prix de revient de leurs marchandises et être fixés ainsi sur les concessions qu'ils peuvent faire. Par exemple, si l'on prend pour clef le mot

$$H\ a\ r\ m\ o\ n\ i\ e\ u\ x$$
$$3\ 1\ 8\ 5\ 7\ 6\ 4\ 2\ 9\ 0$$

chaque chiffre sera représenté par la lettre qui lui correspond :

| | | |
|---|---|---|
| 5 fr.  » | sera marqué | *m* |
| 3 fr. 60 | — | *h, nx* |
| 25 fr. 80 | — | *em, rx* |
| etc. | | |

La clef doit être un mot de 10 lettres ou les 10 premières lettres d'un mot d'une phrase.

Avec cette clef, le texte clair indiqué plus haut serait transposé comme suit :

|   | 6 | 2 | 3 | 4 | 5 | 1 |
|---|---|---|---|---|---|---|
| 1 | i | e | m | i | n | l |
| 2 | s | t | r | e | e | s |
| 3 | v | a | r | r | i | t |
| 4 | y | i | c | i | x | e |

On n'a plus qu'à relever, soit chaque ligne horizontale successivement, de gauche à droite, ce qui donnerait le cryptogramme suivant :

*ieminlstreesvarrityicixe*

soit par la méthode en parallélogramme, qui consiste à décomposer le tableau en tranches obliques comme ci-dessous:

|   | 6 | 2 | 3 | 4 | 5 | 1 |
|---|---|---|---|---|---|---|
| 1 | i | e | m | i | n | l |
| 2 | s | t | r | e | e | s |
| 3 | v | a | r | r | i | t |
| 4 | y | i | c | i | x | e |

et à relever ensuite les lettres dans chaque tranche oblique, en commençant par la gauche du tableau et par la gauche de chaque tranche, ce qui donnerait ici :

*i se vim yari iren crei iis xt e.*

Si, dans la transformation de la clef en formule numérique, la même lettre revenait plusieurs fois, on lui donnerait des nombres successifs, en réservant le plus faible pour la première fois que la lettre se présenterait. C'est ainsi qu'on aurait :

*Colonel*
1637524
*Régiment*
71345268

*Application.* — Chiffrer par cette méthode, avec la clef *Paris*, la phrase suivante :

*Nous sommes arrivés hier.*

Il y a 21 lettres. Comme en cryptographie on ne s'occupe que du sens, sans tenir compte de l'orthographe, nous pouvons supprimer l's d'*arrivés*, ce qui donnera 20 lettres et nous permettre de former 4 colonnes horizontales.

|   | 1 | 2 | 3 | 4 | 5 |
|---|---|---|---|---|---|
| 1 | n | o | u | s | s |
| 2 | o | m | m | e | s |
| 3 | a | r | r | i | v |
| 4 | é | h | i | e | r |

La clef *Paris*, transformée en série numérique, donne :

$$P \; a \; r \; i \; s$$
$$3 \; 1 \; 4 \; 2 \; 5$$

et la transposition se fait comme suit :

|   | 3 | 1 | 4 | 2 | 5 |
|---|---|---|---|---|---|
| 1 | u | n | s | o | s |
| 2 | m | o | e | m | s |
| 3 | r | a | i | r | v |
| 4 | i | e | e | h | r |

et, en relevant par lignes horizontales, le cryptogramme sera :

*unsosmoemsrairvieehr.*

4° *Méthode des diviseurs à double transposition.* — On peut intervertir à la fois l'ordre des colonnes verticales et l'ordre des colonnes horizontales. Il faut avoir soin de prendre une clef différente pour chaque transposition et non la même clef pour les deux, faute grave commise par les nihilistes et qui a permis aux déchiffreurs russes de traduire facilement leurs dépêches.

Cette méthode, appliquée au texte clair : *Nous sommes arrivés hier*, avec la clef *P a r i s* pour les colonnes

$$3 \ 1 \ 4 \ 2 \ 5$$

verticales et *M a r s* eille pour les colonnes horizontales,

$$2 \ 1 \ 3 \ 4$$

nous donnerait :

|   | 1 | 2 | 3 | 4 | 5 |
|---|---|---|---|---|---|
| 1 | n | o | u | s | s |
| 2 | o | m | m | e | s |
| 3 | a | r | r | i | v |
| 4 | é | h | i | e | r |

Transposons à la fois les deux séries de colonnes et nous aurons :

|   | 3 | 1 | 4 | 2 | 5 |
|---|---|---|---|---|---|
| 2 | m | o | e | m | s |
| 1 | u | n | s | o | s |
| 3 | r | a | i | r | v |
| 4 | i | e | e | h | r |

et le cryptogramme serait :

*moemsunsosrairviehr.*

Remarquons que les méthodes de transposition peuvent s'appliquer, soit à un texte clair, soit à un texte déjà chiffré dans un autre système. On obtient alors ce qu'on appelle la méthode à triple clef, sur laquelle nous reviendrons.

Comme nous venons de le voir, lorsque la clef contient plus de lettres qu'il n'y a de colonnes, on ne prend de cette clef qu'un nombre de lettres, en commençant par la première, égal au nombre des colonnes.

Si au contraire, la clef contenait un nombre de lettres moindre que le nombre des colonnes, on répéterait cette clef le nombre de fois nécessaire.

Par exemple, si l'on avait à transposer 12 colonnes avec la clef *Paris*, on écrirait :

$$P\ a\ r\ i\ s\ P\ a\ r\ i\ s\ P\ a$$
$$6\ 1\ 9\ 4\ 11\ 7\ 2\ 10\ 5\ 12\ 8\ 3$$

5e *Méthode des grilles.* — Les grilles, dont on attribue l'invention au mathématicien italien Jérôme Cardan, vers la fin du XVIe siècle, sont des appareils mécaniques destinés à permettre la transposition d'un texte clair. Très employées au siècle dernier, on les a presque complètement abandonnées aujourd'hui, malgré les perfectionnements qu'y a apporté le colonel Fleissner, parce qu'elles ont l'inconvénient d'exiger un secret absolu.

Nous allons donner, comme modèle de ces appareils, l'ancienne grille à 36 cases.

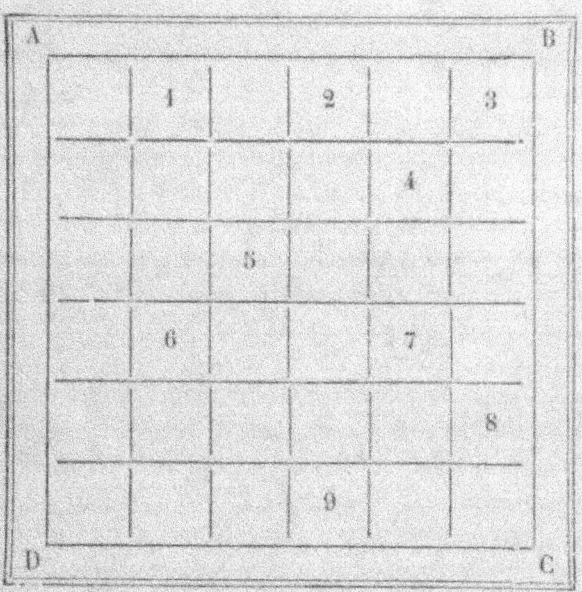

C'est une plaque carrée, en métal ou en carton, divisée en 36 compartiments. Les 9 compartiments numérotés sur le dessin sont découpés à jour.

Soit à chiffrer avec cet appareil une phrase quelconque, par exemple :

*Le premier corps d'armée a franchi la frontière.*

On prend une feuille de papier sur laquelle on trace un carré identique à la grille, en y marquant les quatre sommets A, B, C, D. On applique la grille sur ce carré, et dans les 9 cases ouvertes, on écrit les 9 premières lettres de la dépêche.

On fait ensuite tourner la grille d'un quart de cercle, soit de gauche à droite, soit de droite à gauche, de manière, par exemple, que le côté B C prenne la place du côté A B, on inscrit les 9 lettres suivantes de la dépêche dans les 9 cases ouvertes, et on continue à tourner la grille d'un quart de cercle, toujours dans le même sens. Elle occupe ainsi 4 positions différentes, qui permettent d'écrire les 36 premières lettres de la dépêche.

Si la dépêche a plus de 36 lettres, on fait tourner le papier en sens inverse du mouvement de la grille, de façon à ce que la coïncidence des deux carrés ait lieu sur des côtés qui ne sont pas les mêmes, et comme on peut ainsi faire occuper au carré du papier 4 positions successives, dans chacune desquelles on peut chiffrer 36 lettres, il en résulte que cette grille peut s'appliquer à une dépêche de $36 \times 4 = 144$ lettres.

On n'a plus qu'à relever les lettres, soit par lignes horizontales, soit par bandes obliques.

Il est évident que les clefs du système sont la position des cases à jour et le sens de rotation de la grille.

Si nous appliquons cette grille au texte clair donné plus haut, en faisant tourner la grille de droite à gauche, nous aurons, pour les 36 premières lettres de ce texte, la disposition suivante :

<table>
<tr><td>A</td><td></td><td></td><td></td><td></td><td>B</td></tr>
<tr><td>r</td><td>l</td><td>h</td><td>e</td><td>r</td><td>p</td></tr>
<tr><td>c</td><td>p</td><td>l</td><td>a</td><td>r</td><td>i</td></tr>
<tr><td>o</td><td>n</td><td>e</td><td>r</td><td>a</td><td>m</td></tr>
<tr><td>r</td><td>m</td><td>s</td><td>r</td><td>i</td><td>h</td></tr>
<tr><td>c</td><td>f</td><td>a</td><td>d</td><td>e</td><td>e</td></tr>
<tr><td>a</td><td>f</td><td>e</td><td>r</td><td>e</td><td>i</td></tr>
<tr><td>D</td><td></td><td></td><td></td><td></td><td>C</td></tr>
</table>

et le cryptogramme serait :

*rlherpcplarioneramrmsrihcfadeeaferei*

6° *Méthode orientale et japonaise.* — Elle consiste à diviser le nombre des lettres du texte clair en deux facteurs représentant le nombre des lignes horizontales et le nombre des colonnes verticales qui doivent renfermer ces lettres. On les écrit ensuite en commençant, par exemple, par la dernière ligne horizontale et la dernière colonne de droite, remontant verticalement dans cette colonne pour redescendre ensuite dans l'avant-dernière colonne de droite, et ainsi de suite, en ajoutant, s'il le faut, des lettres nulles pour compléter le tableau. C'est, en quelque sorte, le mode d'écrire des Orientaux, d'où est venu le nom de la méthode.

Nous ne ferons que mentionner, dans la même classe, la méthode imaginée pour correspondre secrètement avec l'ancien télégraphe Chappe et les deux méthodes de M. le colonel Roche. On peut en imaginer encore un grand nombre d'autres.

MÉTHODES D'INTERVERSION. — Ces méthodes consistent à représenter chaque lettre de l'alphabet par un signe conventionnel. Si l'on emploie le même signe pour représenter la même lettre dans tout le cryptogramme, le système est dit *à simple clef* ou à base invariable ; si l'on change d'alphabet à chaque mot ou à chaque lettre, le système est dit *à double clef* ou à base variable.

Les premiers sont généralement faciles à déchiffrer, les seconds beaucoup moins.

SYSTÈMES À SIMPLE CLEF. — 1° *Système de Jules César.* — C'est une simple interversion des lettres de l'alphabet. Cette méthode est très ancienne : les Phéniciens et les Carthaginois l'ont employée. Auguste s'en servait pour écrire à ses enfants, et Jules César, pour correspondre secrètement avec ses amis, employait un alphabet où chaque lettre était avancée de 4 rangs.

Le système consiste à intervertir les lettres de l'alphabet ordinaire dans un ordre convenu d'avance et qui est la clef, puis à remplacer chaque lettre du texte clair par la lettre qui lui correspond dans le nouvel alphabet.

La clef la plus simple consiste à remplacer chaque lettre par celle qui occupe un rang déterminé après elle. Soit, par exemple, à chiffrer le texte clair

*L'ennemi s'avance*

en remplaçant chaque lettre par celle qui la suit dans l'alphabet ordinaire ; on aura le cryptogramme suivant :

*mfoofnj tbxbodf*

On peut employer une clef littérale que l'on convertit en formule numérique et qui sert à l'interversion de l'alphabet. Si l'on prend, par exemple, la clef *Orléans*, on aura :

$$O \quad r \quad l \quad é \quad a \quad n \quad s$$
$$5 \quad 6 \quad 3 \quad 2 \quad 1 \quad 4 \quad 7$$
$$e \quad f \quad c \quad b \quad a \quad d \quad g$$
$$l \quad m \quad j \quad i \quad h \quad k \quad n$$
$$s \quad t \quad q \quad p \quad o \quad r \quad u$$
$$y \quad x \quad v \quad z$$

et l'alphabet interverti sera :

Alphabet
interverti *e f c b a d g l m j i h k n s t q p o r u y x v z*
normal   A B C D E F G H I J K L M N O P Q R S T U V X Y Z

On remplacera chaque lettre de l'alphabet ordinaire par celle qui occupe le même rang dans l'alphabet interverti.

C'est ainsi que le texte clair :

*Concentrez vos forces*

serait chiffré par :

CSNCANRPAZ YSO DSPCAO

On peut encore disposer l'alphabet normal sur deux lignes en supprimant le *j*, et remplacer chaque lettre du texte clair par la lettre correspondante de l'autre ligne.

$$a \quad b \quad c \quad d \quad e \quad f \quad g \quad h \quad i \quad k \quad l \quad m$$
$$n \quad o \quad p \quad q \quad r \quad s \quad t \quad u \quad v \quad x \quad y \quad z$$

Texte clair :     *Venez demain*
Texte chiffré : *irarm qrznva.*

2° *Alphabet de convention.* — C'est dans cette classe qu'il faut ranger les divers alphabets de convention où chaque lettre est représentée par un seul signe. On comprend, en effet, que l'on peut traduire chaque lettre de l'alphabet ordinaire par un signe conventionnel, qui peut être de nature quelconque, lettre, chiffre, nombre, signe algébrique, astronomique, etc. Il peut donc y avoir un nombre infini d'alphabets de convention.

On peut, par exemple, laissant subsister les consonnes, remplacer les voyelles par les signes suivants :

$$i \quad .$$
$$a \quad :$$
$$e \quad :.$$
$$o \quad :.$$
$$u \quad :..$$

ou bien par les consonnes qui les suivent immédiatement :

*a* par b
*e* — *f*
*i* — *k*
*o* — *p*
*u* — *v*

Ces deux alphabets, signalés par les Bénédictins, étaient employés dès le ɪvᵉ siècle de notre ère. Ils ne peuvent donner de bons résultats. La conservation des consonnes facilite beaucoup le déchiffrement et les cryptogrammes écrits avec ce système se lisent très facilement. On peut en juger par le texte clair suivant :

*La paix est signée.*

qui se chiffrerait ainsi :

*L : p :. x :. st s . gn :. :.*

ou encore :  *Lb pbkx fst skgnff.*

L'alphabet télégraphique Morse est un véritable système cryptographique pour les non-initiés. Il en est de même des divers systèmes sténographiques aujourd'hui en usage.

Systèmes a double clef. — Les systèmes à double clef ou à base variable sont ceux dans lesquels on change d'alphabet à chaque mot ou à chaque lettre.

L'emploi d'un seul signe cryptographique pour représenter une lettre facilite beaucoup, en effet, le travail du déchiffrement.

On avait déjà cherché, au moyen âge, à remédier à cet inconvénient, ainsi que le prouve l'alphabet suivant, employé dans les archives de Lille et rétabli par M. Vesin de Romanini, en 1840 :

| *a* | *b* | *c* | *d* | *e* | *f* | *g* | *h* | *i* | *j* | *k* | *l* | *m* | *n* | *o* |
|---|---|---|---|---|---|---|---|---|---|---|---|---|---|---|
| ψ | | β | 1 | 0 | 11 | | | η | | | V | Λ | ζ | γ |
| λ | | > | | ? | | | | Z | | | | = | μ | — |
| | | | | ÷ | | | | ± | | | | | ± | |
| | | | | + | | | | | | | | | | |

| *p* | *q* | *r* | *s* | *t* | *u* | *v* | *ss* | *rr* |
|---|---|---|---|---|---|---|---|---|
| Δ | ρ | ε | χ | λ | σ | ẟ | Σ | Ξ |
| a | × | k | π | 8 | ω | | | |

Mais ce n'était pas là un procédé pratique et il faut aller jusqu'au XVIe siècle, où le physicien italien Porta inventa le premier système littéral à double clef.

Système de Porta. — On peut dire que Porta est le fondateur de la cryptographie moderne. Presque tous les systèmes à base variable qui ont été proposés et employés reviennent à son procédé et à celui de Vigenère.

Il emploie onze alphabets, au maximum, et les désigne de la manière suivante :

Dans l'alphabet ordinaire, en supprimant les lettres J, K et U, il lui reste alors 22 lettres, dont il forme 11 groupes de 2 lettres dans leur ordre naturel. Chacun de ces groupes désigne un alphabet et il constitue le tableau suivant (fig. 1).

Comme on le voit, chaque alphabet a deux lignes. Chaque lettre du texte clair est représentée, dans cet alphabet, par la lettre qui lui correspond dans l'autre ligne. Ainsi dans l'alphabet B, *d* est représenté par *v*, et *v* par *d* ; dans dans l'alphabet C, *f* est représenté par *r*, *x* par *l*, etc.

On écrit chaque lettre du texte clair avec un alphabet différent, mais pour ne pas employer les onze alphabets successivement, on a recours à une clef. C'est un mot, qu'on écrit au-dessous du texte clair, en le répétant autant de fois qu'il est nécessaire, et dont chaque lettre indique l'alphabet dont il faudra se servir pour chiffrer la lettre du texte clair qui est au-dessus d'elle.

| | | | | | | | | | | | |
|---|---|---|---|---|---|---|---|---|---|---|---|
| **AB** | a<br>n | b<br>o | c<br>p | d<br>q | e<br>r | f<br>s | g<br>t | h<br>v | i<br>x | l<br>y | m<br>z |
| **CD** | a<br>z | b<br>n | c<br>o | d<br>p | e<br>q | f<br>r | g<br>s | h<br>t | i<br>v | l<br>x | m<br>y |
| **EF** | a<br>y | b<br>z | c<br>n | d<br>o | e<br>p | f<br>q | g<br>r | h<br>s | i<br>t | l<br>v | m<br>x |
| **GH** | a<br>x | b<br>y | c<br>z | d<br>n | e<br>o | f<br>p | g<br>q | h<br>r | i<br>s | l<br>t | m<br>v |
| **I L** | a<br>v | b<br>x | c<br>y | d<br>z | e<br>n | f<br>o | g<br>p | h<br>q | i<br>r | l<br>s | m<br>t |
| **MN** | a<br>t | b<br>v | c<br>x | d<br>y | e<br>z | f<br>n | g<br>o | h<br>p | i<br>q | l<br>r | m<br>s |
| **OP** | a<br>s | b<br>t | c<br>v | d<br>x | e<br>y | f<br>z | g<br>n | h<br>o | i<br>p | l<br>q | m<br>r |
| **QR** | a<br>r | b<br>s | c<br>t | d<br>v | e<br>x | f<br>y | g<br>z | h<br>n | i<br>o | l<br>p | m<br>q |
| **ST** | a<br>q | b<br>r | c<br>s | d<br>t | e<br>v | f<br>x | g<br>y | h<br>z | i<br>n | l<br>o | m<br>p |
| **VX** | a<br>p | b<br>q | c<br>r | d<br>s | e<br>t | f<br>v | g<br>x | h<br>y | i<br>z | l<br>n | m<br>o |
| **YZ** | a<br>o | b<br>p | c<br>q | d<br>r | e<br>s | f<br>t | g<br>v | h<br>x | i<br>y | l<br>z | m<br>n |

Fig. 1. — Tableau de Porta.

Ainsi, soit à chiffrer dans ce système et avec la clef *Paris*, le texte clair :　　*Venez demain matin,*
On disposerait ce texte comme suit :

$$\textit{V e n e z d e m a i n m a t i n}$$
$$\textit{P a r i s P a r i s P a r i s P}$$

et le cryptogramme serait :

$$\textit{crhnhxrqvngzrmng.}$$

Ce système, supérieur aux précédents, offre cependant l'inconvénient d'avoir un nombre restreint d'alphabets et ensuite de représenter le même alphabet par deux lettres différentes. Il en résulte que la clef *Baba*, par exemple, quoique comptant 4 lettres, ne comporterait l'emploi que d'un seul alphabet.

Système de Vigenère ou chiffre carré. — Le système de Porta, simplifié et amélioré, est devenu le *chiffre carré*,

|   | A | B | C | D | E | F | G | H | I | J | K | L | M | N | O | P | Q | R | S | T | U | V | W | X | Y | Z |
|---|---|---|---|---|---|---|---|---|---|---|---|---|---|---|---|---|---|---|---|---|---|---|---|---|---|---|
| A | a | b | c | d | e | f | g | h | i | j | k | l | m | n | o | p | q | r | s | t | u | v | w | x | y | z |
| B | b | c | d | e | f | g | h | i | j | k | l | m | n | o | p | q | r | s | t | u | v | w | x | y | z | a |
| C | c | d | e | f | g | h | i | j | k | l | m | n | o | p | q | r | s | t | u | v | w | x | y | z | a | b |
| D | d | e | f | g | h | i | j | k | l | m | n | o | p | q | r | s | t | u | v | w | x | y | z | a | b | c |
| E | e | f | g | h | i | j | k | l | m | n | o | p | q | r | s | t | u | v | w | x | y | z | a | b | c | d |
| F | f | g | h | i | j | k | l | m | n | o | p | q | r | s | t | u | v | w | x | y | z | a | b | c | d | e |
| G | g | h | i | j | k | l | m | n | o | p | q | r | s | t | u | v | w | x | y | z | a | b | c | d | e | f |
| H | h | i | j | k | l | m | n | o | p | q | r | s | t | u | v | w | x | y | z | a | b | c | d | e | f | g |
| I | i | j | k | l | m | n | o | p | q | r | s | t | u | v | w | x | y | z | a | b | c | d | e | f | g | h |
| J | j | k | l | m | n | o | p | q | r | s | t | u | v | w | x | y | z | a | b | c | d | e | f | g | h | i |
| K | k | l | m | n | o | p | q | r | s | t | u | v | w | x | y | z | a | b | c | d | e | f | g | h | i | j |
| L | l | m | n | o | p | q | r | s | t | u | v | w | x | y | z | a | b | c | d | e | f | g | h | i | j | k |
| M | m | n | o | p | q | r | s | t | u | v | w | x | y | z | a | b | c | d | e | f | g | h | i | j | k | l |
| N | n | o | p | q | r | s | t | u | v | w | x | y | z | a | b | c | d | e | f | g | h | i | j | k | l | m |
| O | o | p | q | r | s | t | u | v | w | x | y | z | a | b | c | d | e | f | g | h | i | j | k | l | m | n |
| P | p | q | r | s | t | u | v | w | x | y | z | a | b | c | d | e | f | g | h | i | j | k | l | m | n | o |
| Q | q | r | s | t | u | v | w | x | y | z | a | b | c | d | e | f | g | h | i | j | k | l | m | n | o | p |
| R | r | s | t | u | v | w | x | y | z | a | b | c | d | e | f | g | h | i | j | k | l | m | n | o | p | q |
| S | s | t | u | v | w | x | y | z | a | b | c | d | e | f | g | h | i | j | k | l | m | n | o | p | q | r |
| T | t | u | v | w | x | y | z | a | b | c | d | e | f | g | h | i | j | k | l | m | n | o | p | q | r | s |
| U | u | v | w | x | y | z | a | b | c | d | e | f | g | h | i | j | k | l | m | n | o | p | q | r | s | t |
| V | v | w | x | y | z | a | b | c | d | e | f | g | h | i | j | k | l | m | n | o | p | q | r | s | t | u |
| W | w | x | y | z | a | b | c | d | e | f | g | h | i | j | k | l | m | n | o | p | q | r | s | t | u | v |
| X | x | y | z | a | b | c | d | e | f | g | h | i | j | k | l | m | n | o | p | q | r | s | t | u | v | w |
| Y | y | z | a | b | c | d | e | f | g | h | i | j | k | l | m | n | o | p | q | r | s | t | u | v | w | x |
| Z | z | a | b | c | d | e | f | g | h | i | j | k | l | m | n | o | p | q | r | s | t | u | v | w | x | y |

Fig. 2. — Tableau Vigenère.

quelquefois nommé *chiffre indéchiffrable* ou *chiffre par excellence*. Il est dû au diplomate français Blaise de Vigenère, qui l'a imaginé vers la fin du XVIe siècle, et l'a exposé dans son *Traité des chiffres*. Il a été très employé au XVIIe et au XVIIIe siècle dans les chancelleries et les armées, et un grand nombre de systèmes actuels n'en sont que des modifications.

Ce tableau, comme on le voit ci-dessus (fig. 2), est un carré, divisé de chaque côté en autant de colonnes qu'il y a de lettres dans l'alphabet ordinaire. L'alphabet horizontal supérieur représente l'alphabet ordinaire, et les 25 colonnes horizontales suivantes sont les alphabets cryptographiques.

Chacun d'eux est désigné par la lettre de l'alphabet ordinaire vertical qui se trouve à gauche dans la même colonne horizontale. On voit que le principe est le même que celui du tableau de Porta, mais on dispose de 26 alphabets.

On emploie également une clef littérale, que l'on écrit au-dessous du texte clair, autant de fois qu'il est nécessaire, et chaque lettre de ce texte clair est alors représentée par la lettre qui lui correspond dans l'alphabet désigné par la lettre de la clef qui est au-dessous d'elle.

Soit, par exemple, à cryptographier avec ce chiffre carré et avec la clef *Paris* le texte clair suivant :

*Je serai là demain.*

On aura la disposition suivante :

*J e s e r a i l à d e m a i n*
*P a r i s P a r i s P a r i s*

et le cryptogramme sera :

*yejmjpicivtmrqf.*

ALPHABETS INTERVERTIS. — Dans le tableau précédent, les 26 alphabets sont disposés dans leur ordre normal. Au lieu de cela, on peut les intervertir, soit régulièrement, soit irrégulièrement.

Pour les intervertir régulièrement, on prend une clef littérale, à la suite de laquelle on écrit, dans leur ordre normal, toutes les lettres de l'alphabet qu'elle ne renferme pas.

On répète cette opération sur les 26 alphabets disposés en chiffre carré. Si, par exemple, on a pris pour clef, comme dans l'exemple donné par M. le capitaine Josse, le mot *Klagenfurth*, on aura le tableau suivant (fig. 3) :

|   | A | B | C | D | E | F | G | H | I | J | K | L | M | N | O | P | Q | R | S | T | U | V | W | X | Y | Z |
|---|---|---|---|---|---|---|---|---|---|---|---|---|---|---|---|---|---|---|---|---|---|---|---|---|---|---|
| A | k | l | a | g | e | n | f | u | r | t | h | b | c | d | i | j | m | o | p | q | s | v | w | x | y | z |
| B | l | a | g | e | n | f | u | r | t | h | b | c | d | i | j | m | o | p | q | s | v | w | x | y | z | k |
| C | a | g | e | n | f | u | r | t | h | b | c | d | i | j | m | o | p | q | s | v | w | x | y | z | k | l |
| D | g | e | n | f | u | r | t | h | b | c | d | i | j | m | o | p | q | s | v | w | x | y | z | k | l | a |
| E | e | n | f | u | r | t | h | b | c | d | i | j | m | o | p | q | s | v | w | x | y | z | k | l | a | g |
| F | n | f | u | r | t | h | b | c | d | i | j | m | o | p | q | s | v | w | x | y | z | k | l | a | g | e |
| G | f | u | r | t | h | b | c | d | i | j | m | o | p | q | s | v | w | x | y | z | k | l | a | g | e | n |
| H | u | r | t | h | b | c | d | i | j | m | o | p | q | s | v | w | x | y | z | k | l | a | g | e | n | f |
| I | r | t | h | b | c | d | i | j | m | o | p | q | s | v | w | x | y | z | k | l | a | g | e | n | f | u |
| J | t | h | b | c | d | i | j | m | o | p | q | s | v | w | x | y | z | k | l | a | g | e | n | f | u | r |
| K | h | b | c | d | i | j | m | o | p | q | s | v | w | x | y | z | k | l | a | g | e | n | f | u | r | t |
| L | b | c | d | i | j | m | o | p | q | s | v | w | x | y | z | k | l | a | g | e | n | f | u | r | t | h |
| M | c | d | i | j | m | o | p | q | s | v | w | x | y | z | k | l | a | g | e | n | f | u | r | t | h | b |
| N | d | i | j | m | o | p | q | s | v | w | x | y | z | k | l | a | g | e | n | f | u | r | t | h | b | c |
| O | i | j | m | o | p | q | s | v | w | x | y | z | k | l | a | g | e | n | f | u | r | t | h | b | c | d |
| P | j | m | o | p | q | s | v | w | x | y | z | k | l | a | g | e | n | f | u | r | t | h | b | c | d | i |
| Q | m | o | p | q | s | v | w | x | y | z | k | l | a | g | e | n | f | u | r | t | h | b | c | d | i | j |
| R | o | p | q | s | v | w | x | y | z | k | l | a | g | e | n | f | u | r | t | h | b | c | d | i | j | m |
| S | p | q | s | v | w | x | y | z | k | l | a | g | e | n | f | u | r | t | h | b | c | d | i | j | m | o |
| T | q | s | v | w | x | y | z | k | l | a | g | e | n | f | u | r | t | h | b | c | d | i | j | m | o | p |
| U | s | v | w | x | y | z | k | l | a | g | e | n | f | u | r | t | h | b | c | d | i | j | m | o | p | q |
| V | v | w | x | y | z | k | l | a | g | e | n | f | u | r | t | h | b | c | d | i | j | m | o | p | q | s |
| W | w | x | y | z | k | l | a | g | e | n | f | u | r | t | h | b | c | d | i | j | m | o | p | q | s | v |
| X | x | y | z | k | l | a | g | e | n | f | u | r | t | h | b | c | d | i | j | m | o | p | q | s | v | w |
| Y | y | z | k | l | a | g | e | n | f | u | r | t | h | b | c | d | i | j | m | o | p | q | s | v | w | x |
| Z | z | k | l | a | g | e | n | f | u | r | t | h | b | c | d | i | j | m | o | p | q | s | v | w | x | y |

Fig. 3. — Tableau Klagenfurth.

On peut aussi intervertir irrégulièrement les alphabets, d'une manière quelconque. Il est alors impossible de retenir de mémoire la disposition arbitraire des lettres de chaque alphabet, et l'on est obligé de conserver le tableau, ce qui est toujours dangereux.

SYSTÈME DE SAINT-CYR. — Ce système enseigné depuis longtemps à l'École de Saint-Cyr, est très simple, mais il n'est qu'une variante du chiffre carré. Voici en quoi il consiste :

On prend deux bandes de papier quadrillé (fig. 4). On trace sur la première un alphabet ordinaire, dit *alphabet fixe*, et sur la seconde un double alphabet, dit *alphabet mobile*, et qu'on pourra faire glisser sous le premier.

On choisit un mot clef. Prenons *Feu*, par exemple, qui a trois lettres. On divise alors le texte clair en groupes de 3 lettres. Si l'on veut chiffrer : *Venez demain*, on aura :

$$Ven — ezd — ema — in$$

On chiffre d'abord les premières lettres de chaque groupe, puis les secondes, puis les troisièmes.

| A | B | C | D | E | F | G | H | I | J | K | L | M | N | O | P | Q | R | S | T | U | V | W | X | Y | Z |
|---|---|---|---|---|---|---|---|---|---|---|---|---|---|---|---|---|---|---|---|---|---|---|---|---|---|
| a | b | c | d | e | f | g | h | i | j | k | l | m | n | o | p | q | r | s | t | u | v | w | x | y | z |

Fig. 4. — Système de Saint-Cyr.

Pour chiffrer les premières, on place la première lettre *f* de la clef prise sur l'alphabet mobile, sous la lettre A de l'alphabet fixe. On prend alors la première lettre de chaque groupe sur l'alphabet fixe et on chiffre par la lettre qui est au-dessous d'elle dans l'alphabet mobile.

Pour chiffrer ensuite les deuxièmes lettres de chaque groupe, on place la deuxième lettre *e* de la clef, prise sur l'alphabet mobile sous la première lettre A de l'alphabet fixe et l'on continue comme ci-dessus.

On fait de même pour les troisièmes lettres et l'on obtient le chiffrement suivant :

| V | e | n | e | z | d | e | m | a | i | n |
|---|---|---|---|---|---|---|---|---|---|---|
| F | e | u | F | e | u | F | e | u | F | e |
| a | i | g | j | d | x | j | q | u | n | r |

ce qui donne le cryptogramme :

*aigjdxjqunr*

Cette méthode conduit aux mêmes résultats que le chiffre carré de Vigenère, mais elle demande moins de temps pour la construction de ses alphabets que pour celle du chiffre carré.

On peut l'employer aussi en intervertissant l'ordre des lettres dans l'alphabet mobile, ce qui donne une sécurité plus grande. Sinon le déchiffrement en est très facile, comme d'ailleurs pour les cryptogrammes écrits avec le chiffre carré, quoiqu'il ait passé longtemps pour indéchiffrable.

Système de Beaufort. — En 1857, l'amiral anglais Francis Beaufort a imaginé une modification assez curieuse du tableau carré. Elle a excité un grand enthousiasme en Angleterre où, pendant longtemps, on l'a considérée comme indéchiffrable. Il disposait son tableau de la manière suivante (fig. 5) :

Pour se servir de ce tableau, on a choisi encore une clef littérale et on écrit, autant de fois qu'il est nécessaire, sous le texte à chiffrer. Par exemple, soit à chiffrer avec la clef *Oran* le texte clair :

*Brûlez la ville.*

On aura la disposition suivante :

*B r û l e z l a v i l l e*
*O r a n O r a n O r a n O*

et l'on chiffrera chaque lettre du texte clair avec la lettre de la clef qui est au-dessous d'elle.

Pour chiffrer, par exemple, *b* avec la clef *o*, on prend la lettre *b* dans le premier alphabet horizontal, on descend la colonne verticale jusqu'à la rencontre de la lette O, et en se retournant alors, soit à droite, soit à gauche, jusqu'à l'extrémité de la colonne horizontale, on trouve la lettre *n* qui représentera *b*.

Fig. 5. — Tableau de Beaufort.

De même pour les autres lettres.

On obtiendra ainsi le cryptogramme suivant :

| B | r | û | l | e | z | l | a | v | i | l | l | e |
|---|---|---|---|---|---|---|---|---|---|---|---|---|
| O | r | a | n | O | r | a | n | O | r | a | n | O |
| n | a | g | c | k | s | p | n | t | j | p | c | k |

soit :                  *nagckspntjpck.*

Les systèmes du chiffre carré ou de Saint-Cyr permettent d'ailleurs, par un simple retournement de l'alphabet normal, ainsi que l'a montré M. Kerckhoffs, d'obtenir le même résultat.

On aurait pu d'ailleurs, au lieu de prendre la lettre *b* dans le premier alphabet horizontal supérieur, la prendre dans la colonne de gauche du tableau, suivre la ligne horizontale qu'elle commence jusqu'à la rencontre de la lettre *o* et descendre ou remonter, jusqu'à son extrémité, la colonne verticale qui la contient. On obtiendrait la même lettre *n*.

SYSTÈME DE GRONSFELD. — Dans ce système, on prend pour clef un nombre quelconque, facile à retenir ; on l'écrit sous le texte à chiffrer, en le répétant autant de fois qu'il est nécessaire et on représente chaque lettre du texte clair par celle qui, dans l'alphabet ordinaire, est placée à une distance d'elle égale au chiffre placé en dessous.

Soit à chiffrer, par exemple, avec la clef 305 le texte clair :

Le ministre a signé.

On aura la disposition suivante :

| L | e | m | i | n | i | s | t | r | e | a | s | i | g | n | é |
|---|---|---|---|---|---|---|---|---|---|---|---|---|---|---|---|
| 3 | 0 | 5 | 3 | 0 | 5 | 3 | 0 | 5 | 3 | 0 | 5 | 3 | 0 | 5 | 3 |
| o | e | r | l | n | n | v | t | x | h | a | y | m | g | s | h |

ce qui donnera le cryptogramme :

oerlnnvtxhaymgsh.

Ce système, qui n'est qu'une forme déguisée du tableau de Vigenère, est d'une application simple et facile, mais il est assez aisé à déchiffrer.

MÉTHODE DES DIFFÉRENCES. — Voici un autre système que nous proposons et dont le déchiffrement paraît plus difficile. Il est aussi à clef variable.

L'alphabet normal a 25 lettres. Supprimons les lettres $h$, $j$ et $y$ qui seront remplacées par $i$, puis $q$ et $k$ remplacées par $c$; nous formerons un alphabet qui n'aura plus que 20 lettres. Si on le dispose en cercle ou en chaîne sans fin, la distance maximum qui pourra séparer deux lettres sera de 10 rangs. On prend alors un mot clef, on l'écrit, autant de fois qu'il est nécessaire, sous le texte à chiffrer et on traduit chaque lettre du texte clair par le nombre qui représente la distance minimum de cette lettre à la lettre de la clef qui est au-dessous d'elle. Il suffit alors des dix premiers chiffres :

0 1 2 3 4 5 6 7 8 et 9.

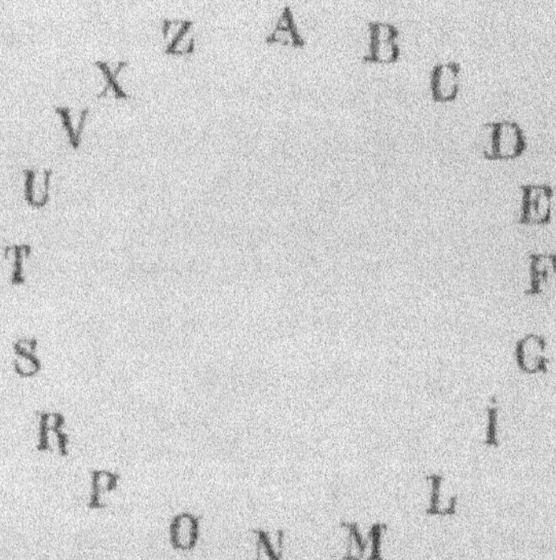

Soit, par exemple, à chiffrer le texte clair :

Venez demain.

avec la clef *Paris*. On aurait :

| V | e | n | e | z | d | e | m | a | i | n |
|---|---|---|---|---|---|---|---|---|---|---|
| P | a | r | i | s | P | a | r | i | s | P |
| 5 | 4 | 3 | 3 | 5 | 9 | 4 | 4 | 7 | 7 | 2 |

et le cryptogramme serait :

54335944772

Le déchiffrement en est d'ailleurs très facile quand on possède la clef. Il paraît très difficile, au contraire, quand on n'a pas cette clef. On peut faire précéder la dépêche de quelques lettres nulles, destinées à dérouter les déchiffreurs.

SYSTÈME A CLEF VARIABLE. — Afin de rendre plus difficile la découverte du nombre de lettres composant la clef, ce qui facilite beaucoup le déchiffrement, un membre de la Commission de télégraphie militaire a eu l'ingénieuse idée d'arrêter, à des intervalles irréguliers, l'ordre de succession des alphabets employés, tel que l'indique la clef, pour revenir brusquement à la lettre initiale ou alphabet premier. On indique alors le point d'arrêt par une des lettres de la clef qu'on intercale aux endroits voulus dans le texte chiffré. On augmente ainsi la sécurité du système, sans nuire à sa valeur pratique.

SYSTÈME A TRIPLE CLEF. — On comprend enfin que, si l'on combine une méthode de transposition avec un système d'interversion à base variable, on pourra obtenir un système dit à triple clef, dont l'indéchiffrabilité sera, sinon mathématique, du moins presque absolue en pratique. Malheureusement, un tel système, s'il est excellent à ce point de vue, a l'inconvénient d'exiger beaucoup trop de temps pour le chiffrement et le déchiffrement.

Soit à chiffrer, par exemple :

*Venez demain matin*

avec la clef : *peuple fier*, dans le système de Vigenère, suivi d'une transposition. Nous prendrons *peuple* pour clef du tableau et *fier* pour clef de la transposition.

En se reportant au tableau de Vigenère, on aura la disposition suivante :

| V | e | n | e | z | d | e | m | a | i | n | m | a | t | i | n |
|---|---|---|---|---|---|---|---|---|---|---|---|---|---|---|---|
| P | e | u | p | l | e | p | e | u | p | l | e | p | é | u | p |
| k | i | h | t | k | h | t | q | u | x | y | q | a | x | c | e |

Appliquons maintenant la transposition :

|   | 1 | 2 | 3 | 4 |
|---|---|---|---|---|
| 1 | k | i | h | t |
| 2 | k | h | t | q |
| 3 | u | x | y | q |
| 4 | a | x | c | e |

La clef *fier*, convertie en série numérique, donne :

$$F\,i\,e\,r$$
$$2\;3\;1\;4$$

de sorte que la transposition se fera comme suit :

|   | 2 | 3 | 1 | 4 |
|---|---|---|---|---|
| 1 | h | t | k | q |
| 2 | x | y | u | q |
| 3 | i | h | k | t |
| 4 | x | c | a | e |

et le cryptogramme sera :

$$h\,t\,k\,q\,x\,y\,u\,q\,i\,h\,k\,t\,x\,c\,a\,e$$

LES CRYPTOGRAPHES. — On appelle *cryptographes* ou *appareils cryptographiques*, des appareils mécaniques, de transposition ou d'interversion, servant à chiffrer un texte clair. Ils sont très nombreux.

Dès 1563, Porta avait imaginé une disposition tout à fait analogue au système de Saint-Cyr. L'instrument était composé de deux cercles concentriques, portant chacun l'alphabet normal. L'un des cercles, mobile et tournant autour de son axe, correspondait au double alphabet de Saint-Cyr.

Nous signalerons aussi l'appareil du P. Kircher, l'*Arca glottotactica*, espèce de catalogue mobile où les mots étaient classés dans un certain ordre correspondant aux diverses lettres de l'alphabet.

Les grilles, dont nous avons déjà parlé, et qui sont aujourd'hui presque abandonnées, sont aussi des appareils cryptographiques.

Il en est de même du taquin, que M. le capitaine Delauney a imaginé d'appliquer à la correspondance cryptographique, de la manière suivante.

On prend un jeu à 16 cubes et l'on choisit, d'autre part, une clef de seize lettres, *Lyon-Chandernagor*, par exemple, et l'on inscrit chacune des lettres de cette clef sur un des cubes, en affectant d'un indice les lettres qui se répètent.

| L | Y | $O_1$ | $N_1$ |
|---|---|---|---|
| C | H | $A_1$ | $N_2$ |
| D | E | R | $N_3$ |
| $A_2$ | G | $O_2$ | R |

On inscrit ensuite également, sur chacun des cubes, les lettres du texte clair à chiffrer, dans leur ordre normal, et l'on recommence une seconde série si le texte a plus de 16 lettres, en disposant les lettres de cette seconde série verticalement au-dessous de celles de la première.

Soit à chiffrer ainsi le texte clair :

*L'attaque est commencée.*

On aura la disposition suivante :

| $L$ *l* *n* | $Y$ *a* *c* | $O_1$ *t* *e* | $N_1$ *t* *e* |
|---|---|---|---|
| $C$ *a* | $H$ *q* | $A_1$ *u* | $N_2$ *e* |
| $D$ *e* | $E$ *s* | $R$ *t* | $N_3$ *c* |
| $A_2$ *o* | $G$ *m* | $O_2$ *m* | $R$ *e* |

Après avoir tracé ainsi ce tableau, on sort tous les cubes de la boîte, on les y remet au hasard, dans un ordre absolument quelconque et on envoie la boîte au correspondant, qui, connaissant la clef, rétablit les cubes dans leur ordre naturel, et lit alors immédiatement la dépêche.

M. Grivel est l'auteur d'un cryptographe qui comprend deux parties, le récepteur et l'expéditeur. Son emploi n'est malheureusement pas pratique.

Le cryptographe Pantin-Richard se compose d'une petite boîte carrée, en carton, qui porte sur fond 7 cadrans concentriques, dont l'inférieur est fixe et blanc, les 6 autres étant mobiles et alternativement verts et blancs. Ces 7 cadrans portent 7 alphabets de 26 lettres.

On choisit un clef de 7 lettres; soit *Orléans*. Au moyen d'une vis de pression on peut faire mouvoir les cadrans mobiles. On amène la lettre *R* du premier disque mobile en face de la lettre *O* du cadran fixe, puis la lettre *L* du 2ᵉ cadran mobile, et ainsi de suite. On n'a plus qu'à lire chaque lettre du texte à chiffrer sur le cadran fixe et à la remplacer alternativement par la lettre correspondante sur chacun des cadrans mobiles.

On trouve, dans l'*Exposé des Applications de l'électricité*, de Du Moncel, la description du cryptographe à pupitre, de M. Mouilleron. Cet appareil, assez compliqué, n'est pas pratique.

Il en est de même de celui de M. Silas, ancien attaché à l'ambassade française de Vienne. Son système est excellent en principe, mais il n'est pas commode en pratique.

On peut citer aussi le phyrographe de M. Rondepierre. C'est un appareil de transposition. Des baguettes en ivoire, représentant les colonnes verticales, présentent des divisions destinées à recevoir chacune une lettre de la dépêche. On transpose ces baguettes d'après une clef numérique, on y inscrit la dépêche, on les remet à leur place primitive et on copie les lettres dans l'ordre où elles se présentent alors.

MM. Vinay et Gaussin ont imaginé un appareil qui imprime et cryptographie à la fois des dépêches. Mais son volume et sa délicatesse le rendent d'un usage incommode.

La complication du système a empêché également l'appareil de M. Lemarchand, sténographe du Sénat, de recevoir des applications pratiques. Le chiffrement se fait par syllabes et non par lettres, en employant un mélange de lettres et de chiffres, et nécessité l'emploi simultané de 4 clefs différentes.

L'un des cryptographes les plus simples est celui de Wheatstone.

Il se compose de deux cadrans concentriques sur lesquels se meuvent deux aiguilles, au moyen de mouvements d'horlogerie. La marche de ces aiguilles est combinée de telle manière qu'à chaque tour du cadran la plus petite des deux aiguilles est en retard sur l'autre d'une division du cadran intérieur.

Le cadran extérieur porte les 26 lettres de l'alphabet et

une croix de repère. Le cadran intérieur, mobile, porte un alphabet conventionnel, de 26 lettres, formé de la manière suivante.

On choisit une clef, *Orléans*, par exemple; on écrit ce mot en espaçant les lettres qui le composent, et on écrit au-dessous celles des lettres de l'alphabet qu'il ne contient pas, dans leur ordre normal comme suit :

$$O \quad r \quad l \quad é \quad a \quad n \quad s$$
$$b \quad e \quad d \quad f \quad g \quad h \quad i$$
$$j \quad k \quad m \quad p \quad q \quad t \quad u$$
$$v \quad w \quad x \quad y \quad z$$

On relève ces lettres par colonnes verticales successives, et on a l'alphabet conventionnel :

$$O \; b \; j \; v \; r \; c \; k \; w \; l \; d \; m \; x \; e \; f \; p \; y \; a \; g \; q \; z \; n \; h \; t \; s \; i \; u$$

Pour chiffrer, on commence par mettre la première lettre O de l'alphabet intérieur en face de la croix de repère du cadran extérieur, puis on amène la grande aiguille sur la première lettre du texte clair dans l'alphabet extérieur, et on représente cette lettre par celle que marque alors la petite aiguille sur le cadran intérieur.

Cet appareil est simple, mais il exige le secret absolu, et il est facilement déchiffrable.

M. Kerckhoffs est l'inventeur d'un cryptographe ingénieux et simple donnant de bons résultats.

Nous ne citerons que pour mémoire les appareils de M. Kohl, ingénieur danois. L'un d'entre eux est automatique.

Tous les cryptographes, d'ailleurs, ne sont généralement que des modifications du tableau de Vigenère.


DÉCHIFFREMENT. — Le premier traité de cryptographie où certains principes de déchiffrement soient exposés, est un ouvrage de Porta ayant pour titre : *De furtivis littera-rum notis.*

Un de ses contemporains, le célèbre géomètre Viète, était un très habile déchiffreur. Henri IV, ayant intercepté plusieurs lettres adressées par des ligueurs aux Espagnols, le chargea d'en trouver la clef. Viète y parvint, et le roi put ainsi, assez longtemps, se tenir au courant des intrigues de ses ennemis. La cour d'Espagne, lorsqu'elle fut avertie de ce fait, accusa le roi de France d'avoir le diable à son service, et bien en prit à Viète de ne pas quitter la France, car on le cita devant le tribunal de Rome, sous l'inculpation, terrible à cette époque, de sorcellerie et de nécromancie.

On raconte que Richelieu tenait la cryptographie en grande estime et qu'il avait même institué une académie où elle était enseignée.

Pour devenir bon déchiffreur, il faut s'exercer par une longue pratique ; on acquiert alors une sorte d'instinct de divination, de flair, qui permet d'obtenir des résultats très remarquables.

M. Kerckhoffs raconte que pendant la guerre turco-russe, on reçut, un dimanche, au ministère de la guerre, une dépêche chiffrée envoyée par des attachés militaires qui suivaient les opérations.

En l'absence du chef de bureau chargé de la correspondance cryptographique, le ministre, M. le général Berthaut, chargea son fils, M. le capitaine Henri Berthaut, aujourd'hui commandant, d'essayer sans clef le déchiffrement de la dépêche. Au bout de quelques heures le cryptogramme était traduit.

Les télégraphistes employés au bureau central du ministère des Postes et Télégraphes, à Paris, deviennent en un sens de véritables cryptographes. Ils reçoivent des directrices de bureaux télégraphiques de province des dépêches souvent fort mal transmises, et qu'ils sont obligés de reconstituer. C'est grâce à l'observation de certaines fautes qui se reproduisent à peu près constamment qu'ils parviennent à restituer à une dépêche mal transmise son véritable sens.

Nous n'avons pas la prétention d'apprendre ici à déchiffrer, d'autant plus que cet art exige, comme nous l'avons dit plus haut, en dehors des principes théoriques, une assez longue pratique : un bon déchiffreur doit être intelligent, instruit et patient.

Nous voulons exposer seulement quelques remarques et quelques principes généraux, destinés à guider pour le déchiffrement d'un texte cryptographique.

La première chose que doit faire le déchiffreur est de s'entourer de tous les renseignements qui peuvent le mettre sur la voie, tels que les noms et qualités de l'expéditeur et du destinataire, les points de départ et d'arrivée, la nature probable de la correspondance, les événements qui peuvent en motiver l'envoi, etc. Il doit faire tous ses efforts pour avoir connaissance du procédé employé pour cryptographier la dépêche, et son travail se réduira ensuite à la découverte de la clef, qu'un déchiffreur habile finit toujours par trouver.

La connaissance de quelques particularités que présente la langue française est très importante :

La lettre *e* est celle qui est le plus fréquemment employée ;

C'est la seule qui puisse être doublée à la fin d'un mot ;

Il n'y a pas de mots français de deux lettres et plus, sans voyelles ;

La lettre *q* est toujours suivie de *u* ;

La lettre *h* est généralement précédé de *c*, quelquefois de *p* ou de *t* ;

Un signe séparant deux trigrammes identiques représente la lettre *a*.

Nous renvoyons, pour une étude plus complète de ces particularités de notre langue, à l'excellent article publié par M. Josse, dans la *Revue maritime et coloniale*, et nous allons indiquer très sommairement la marche à suivre pour déchiffrer les divers systèmes cryptographiques.

MÉTHODES DE TRANSPOSITION. — Ces méthodes sont les seules dans lesquelles un cryptogramme court soit plus facile à déchiffrer qu'un cryptogramme long. Dans toutes les autres, l'inverse a lieu.

On constatera assez facilement, en général, s'il y a eu intervention ou bien transposition des lettres, à la fréquence des lettres *e* et *s*.

Lorsqu'on a reconnu que les méthodes de transposition sont celles qui ont été employées, on compte le nombre des lettres du cryptogramme, on les décompose en deux facteurs, représentant le nombre des lignes horizontales et le nombre des lignes verticales et l'on procède, par tâtonnements, à la recherche de la clef, en s'aidant des particularités de la langue.

*Méthodes à simple clef.* — La première chose à faire est de rechercher le caractère qui représente la lettre *e* ; on peut même dire que, lorsque cette lettre est trouvée, on est presque certain de déchiffrer le cryptogramme.

L'*e* revient, en moyenne, une fois sur cinq, en français. Quelquefois cependant, dans une dépêche, il peut arriver que l'*e* ne soit pas la dominante ; c'est alors, généralement, *s*, *r*, ou *i*.

Prenons un exemple. Soit à déchiffrer le cryptogramme suivant :

*i j j i   y i s n   s r i   a i d r n s m i*

La lettre qui se rencontre le plus souvent étant l'*i*, je crois qu'elle doit correspondre à la lettre *e*. Je suis confirmé dans cette pensée par ce fait que le tétragramme de tête a un redoublement médial et en même temps la première lettre égale à la quatrième ; or il n'y a que *elle* et *esse* qui répondent à cette condition. Donc, *j* représentera $l$, et je pourrai déjà écrire :

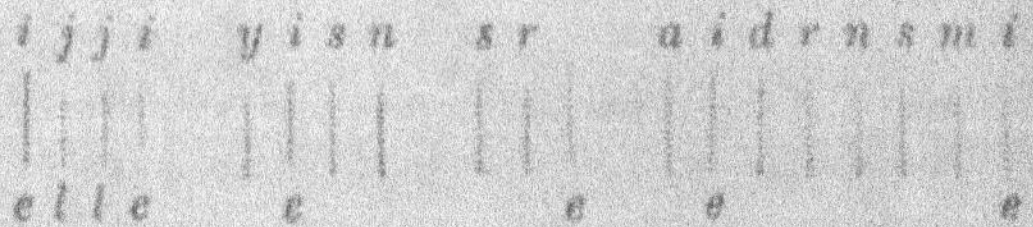


Les trigrammes dont *e* est la troisième lettre sont *que* ou *une*. Ici, *que* ne convient pas, car *q* est toujours suivi de *u*, et ici *s*, qui représenterait *q*, est suivi de *n* ou de *r* ; donc c'est *une* qui répond au texte, $s = u$ et $r = n$, et nous avons :



Le sens nous conduit, pour le second tétragramme, à *peut* ou *veut*, à ce dernier mot, de préférence, et nous obtenons enfin la traduction suivante :

*elle veut une ceinture.*

Cet exemple suffit pour faire comprendre qu'avec ces méthodes, plus un cryptogramme est long, plus il est facile à déchiffrer, et que les méthodes à simple clef ne présentent de sécurité qu'à la condition de ne pas indiquer la séparation des mots et de supprimer les lettres doubles ainsi que les signes d'accentuation et de ponctuation. Il est bon de fractionner en pentagrammes, parce que l'administration des télégraphes compte les dépêches secrètes par groupes de cinq lettres.

*Méthode à double clef.* — Les méthodes à double clef ont été longtemps considérées comme indéchiffrables. Aujourd'hui on arrive assez rapidement lorsqu'on est exercé à traduire les dépêches écrites avec le chiffre carré de Vigenère ou avec les systèmes qui en dérivent.

M. Kerckhoffs a fait connaître une méthode très simple et très claire, que nous allons exposer sommairement.

Elle est basée sur la remarque suivante :

Un texte clair, assez long, présente toujours un certain nombre de répétitions et, quel que soit le nombre des alphabets de la clef, quelques-unes d'entre elles seront cryptographiées dans les mêmes alphabets, et le texte chiffré présentera en conséquence, des groupes de lettres semblables.

Généralisant cette remarque, M. Kerckhoffs pose les deux principes suivants :

1° Dans tout texte chiffré, deux polygrammes semblables sont le produit de deux groupes de lettres semblables, cryptographiées avec les mêmes alphabets ;

2° Le nombre des chiffres compris dans l'intervalle des deux polygrammes est un multiple du nombre des lettres de la clef.

Plus la clef est courte et le cryptogramme long, plus on a de chances de pouvoir déchiffrer.

Il faut remarquer cependant que deux bigrammes identiques peuvent être le produit de deux groupes de lettres différents. Pour les trigrammes, c'est beaucoup plus rare, aussi est-ce eux qu'il faut consulter de préférence.

Nous allons indiquer, par un exemple, comment on applique cette méthode.

Soit à déchiffrer le texte suivant :

*l q a p q t l q a d q u e y m q g m l q a p u w c t m s z w u e z*
*c z l c z b d q o r m v d e a e d d i o m s.*

Les bigrammes répétés sont nombreux, mais nous avons deux trigrammes, *lqa* et *qap*, répété le premier trois fois et le second deux fois.

Si nous comptons le nombre de lettres qui séparent deux polygrammes semblables, nous devons avoir un multiple du nombre des lettres de la clef. Or ici :

$$( l\ q\ a\ )_1 - ( l\ q\ a\ )_2 = 3 = 3$$
$$( l\ q\ a\ )_4 - ( l\ q\ a\ )_3 = 9 = 3 \times 3$$
$$( q\ a\ p\ )_1 - ( q\ a\ p\ )_2 = 15 = 3 \times 5$$

Nous trouvons 3 comme facteur commun de tous ces intervalles.

Sans nous arrêter aux bigrammes, qui nous donneraient ici d'autres nombres, et d'après la remarque que nous avons faite plus haut sur eux, nous avons tout lieu de conclure que la clef était de trois lettres.

Il s'agit maintenant de la déterminer. Nous partageons le cryptogramme en tranches de trois lettres, et nous savons que les premières lettres des tranches ont été chiffrées avec la première lettre de la clef, les secondes lettres avec la seconde de la clef, etc. Nous avons alors :

$l\,q\,a$ | $p\,q\,t$ | $l\,q\,a$ | $d\,q\,u$ | $e\,y\,m$ | $q\,g\,m$ | $l\,q\,a$ | $p\,u\,w$
$c\,t\,m$ | $s\,z\,w$ | $u\,e\,z$ | $e\,z\,l$ | $e\,z\,b$ | $d\,q\,o$ | $r\,m\,v$ | $d\,e\,a$
$e\,d\,d$ | $i\,o\,m$ | $s$

Les trois lettres de la clef nous ont donc donné les chiffres suivants :

| 1re lettre | 2e lettre | 3e lettre |
| --- | --- | --- |
| $l$ | $q$ | $a$ |
| $p$ | $q$ | $t$ |
| $l$ | $q$ | $a$ |
| $d$ | $q$ | $u$ |
| $e$ | $y$ | $m$ |
| $q$ | $g$ | $m$ |
| $l$ | $q$ | $a$ |
| $p$ | $u$ | $w$ |
| $c$ | $t$ | $m$ |
| $s$ | $z$ | $w$ |
| $u$ | $e$ | $z$ |
| $e$ | $z$ | $l$ |
| $e$ | $z$ | $b$ |
| $d$ | $q$ | $o$ |
| $r$ | $m$ | $v$ |
| $d$ | $e$ | $a$ |
| $e$ | $d$ | $d$ |
| $i$ | $o$ | $m$ |
| $s$ | | |

Nous savons que dans chaque alphabet c'est la lettre *e* qui doit revenir le plus fréquemment.

Or, dans le premier groupe, c'est *e* qui est répété le plus souvent ; on a donc chiffré ce groupe avec l'alphabet dans lequel *e* est représenté par *e*. C'est l'alphabet A, donc A est la première lettre de la clef. Dans le second groupe, c'est *q* qui revient le plus fréquemment ; or c'est dans l'alphabet M que *e* est représenté par *q*, donc M est la seconde lettre de la clef.

Dans le troisième groupe, *a* et *m* sont répétés tous deux quatre fois, ce qui nous donne *i* ou *w* pour troisième lettre de la clef.

La lettre *i* est celle qui semble devoir le mieux convenir et nous obtenons ainsi pour clef : *Ami*.

Si, en effet, nous déchiffrons le cryptogramme avec cette clef, nous aurons :

| *lqa* | *pqt* | *lqa* | *dqu* | *eym* | *qqm* | *lqa* | *puw* | *ctm* | *szw* | *uez* | *ezl* | *ezb* |
|---|---|---|---|---|---|---|---|---|---|---|---|---|
| ami | ami | ami | ami | ami | ami | ami | ami | ami | ami | ami | ami | ami |
| *les* | *pel* | *les* | *dem* | *eme* | *que* | *les* | *pio* | *che* | *sno* | *usr* | *end* | *ent* |

| *dqo* | *rmw* | *dea* | *edd* | *iom* | *s* |
|---|---|---|---|---|---|
| ami | ami | ami | ami | ami | a |
| *deg* | *ran* | *dss* | *erv* | *ice* | *s* |

c'est-à-dire : les pelles, de même que les pioches nous rendent de grands services.

Nous n'insisterons pas davantage sur les particularités du déchiffrement des textes cryptographiques, renvoyant pour une étude plus complète aux ouvrages spéciaux. Rappelons seulement ce que nous avons déjà dit, qu'il faut une longue pratique et beaucoup de patience pour devenir un bon déchiffreur.

Nous compléterons cette étude par la description d'un appareil cryptographique qui nous est communiqué par M. Bossuat.

Cet appareil se compose de deux parties, un tableau et un transformateur (fig. 6) qui se place en tête du tableau et qui peut être fixe ou indépendant. L'ensemble a 0$^m$,12 de largeur sur 0$^m$,19 de hauteur.

Le transformateur (fig. 7) est formé d'un rectangle plein sur lequel se meut un curseur.

Sur ce rectangle sont disposées trois bandes horizontales parallèles. La première et la troisième sont divisées chacune en 38 parties égales. Dans les divisions de la première bande sont inscrites de droite à gauche, les 26 lettres de l'alphabet suivies des douze premières lettres. Dans les divisions de la troisième bande sont inscrites, de droite à gauche également, les 13 dernières lettres suivies des 25 premières. Sur la bande intermédiaire se trouvent les 26 lettres de l'alphabet, la première correspondant à la septième division de la première et de la troisième bande. Sur le curseur sont ménagées deux ouvertures rectangulaires correspondant aux première et troisième bandes et laissant voir 13 lettres de chacune de ces bandes. De plus, une petite ouverture correspondant à la bande centrale ne laisse voir qu'une lettre de cette bande. Les deux bandes du curseur qui se trouvent dans l'intervalle des bandes du rectangle reçoivent les 26 lettres de l'alphabet, 13 en haut, 13 en bas. De plus, sur une petite bande supérieure se trouvent les 10 premiers chiffres, en correspondance avec les dix premières lettres du curseur. Le transformateur se place en tête du tableau. Ce tableau reçoit 26 colonnes verticales et on fixe sur lui, au moyen de 4 griffes, une feuille de papier au travers de laquelle on peut voir les colonnes.

Cela posé, pour écrire cryptographiquement un texte clair, on emploie une clef, choisie à volonté. Nous allons

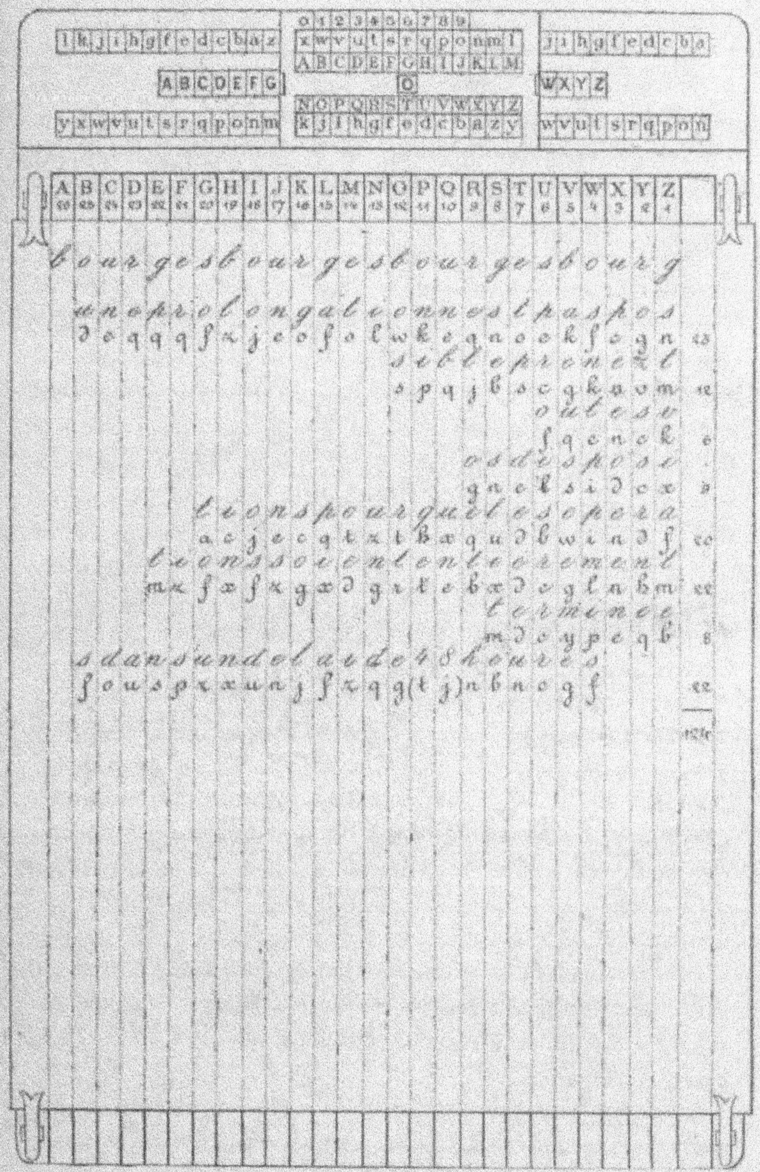

Fig. 6.

prendre un exemple qui fera mieux comprendre l'emploi de cet appareil.

Soit à cryptographier avec la clef *Bourges* le texte clair suivant :

*Une prolongation n'est pas possible, prenez toutes vos dispositions pour que les opérations soient entièrement terminées dans un délai de 48 heures.*

Après avoir placé le transformateur en tête du tableau, sur lequel on a fixé une feuille, ainsi qu'il a été dit plus haut on écrit le mot qui forme la clef en commençant par la première colonne verticale, plaçant une lettre par colonne et répétant cette clef autant de fois qu'il est nécessaire pour occuper les 26 colonnes.

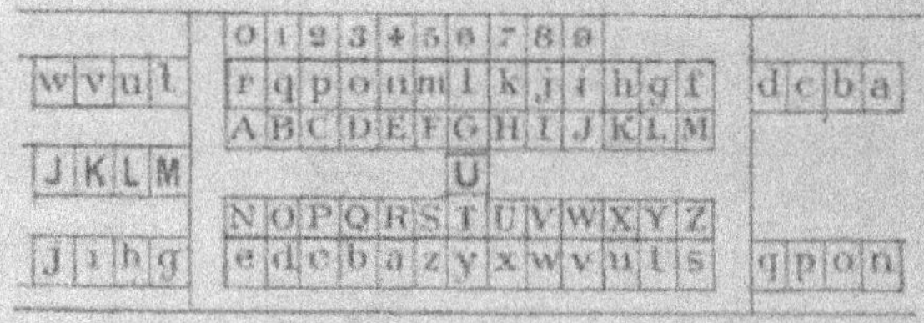

|   |   |   |   | 0 | 1 | 2 | 3 | 4 | 5 | 6 | 7 | 8 | 9 |   |   |   |   |
|---|---|---|---|---|---|---|---|---|---|---|---|---|---|---|---|---|---|
| w | v | u | t | r | q | p | o | n | m | l | k | j | i | h | g | f | d c b a |
|   |   |   |   | A | B | C | D | E | F | G | H | I | J | K | L | M |   |
| J | K | L | M |   |   |   |   |   |   | U |   |   |   |   |   |   |   |
|   |   |   |   | N | O | P | Q | R | S | T | U | V | W | X | Y | Z |   |
| J | i | h | g | e | d | c | b | a | z | y | x | w | v | u | t | s | q p o n |

Fig. 7.

On écrit ensuite le texte clair en commençant les lignes par les colonnes verticales qui contiennent les lettres successives de la clef ; la première ligne commence à la colonne qui contient la lettre B, la deuxième ligne commence à la colonne qui contient la lettre O, la troisième à celle qui contient la lettre U, la quatrième à celle qui contient la lettre R, etc., en recommençant, après épuisement de la clef, à la colonne de la première lettre. On prend alors celle des lettres de la clef qui se trouve dans la première colonne verticale contenant des lettres du texte clair. C'est la lettre O.

Le transformateur étant placé en tête du tableau, on fait glisser le curseur de manière que l'ouverture centrale découvre la lettre O et on cryptographie alors toutes les lettres placées dans les colonnes où se trouvent les lettres O de la clef, c'est-à-dire, dans le cas actuel, les colonnes 25, 18, 11 et 4.

Pour faire le chiffrement d'une lettre, on prend cette lettre sur la bande du curseur et on la remplace par la lettre qui lui correspond alors sur la bande du rectangle fixe du transformateur. On dispose ensuite le curseur de telle sorte que l'ouverture centrale découvre la lettre U et on cryptographie toutes les lettres qui se trouvent dans les colonnes 24, 17, 10 et 3, et ainsi de suite. On remplace de même chaque chiffre par la lettre qui lui correspond dans la bande supérieure du rectangle fixe.

Dans le cas actuel, le texte clair donné serait traduit par le cryptographe suivant :

*deqqfzjeofolwokeqnoekfegnspqjbscgknvmfqenckgnelsidc*
*xacjecqtzthxqudbwindfmzfxfzgxdgrtebxdcglnhmmdc*
*ypeqbfouspzxunjfzqgtjnbncgf.*

Le déchiffrement se fait en procédant inversement et d'une manière simple.

On voit que cet appareil permet d'obtenir, non pas l'indéchiffrabilité mathématique, mais une indéchiffrabilité matérielle presque assurée, lorsqu'on n'a pas connaissance de la clef.

S'il a l'inconvénient général de tous les appareils cryptographiques de ne pas pouvoir permettre le chiffrement ou le déchiffrement lorsque l'appareil est perdu ou détérioré, il faut reconnaître d'autre part qu'il est simple de construction, peu encombrant et facile à transporter. On peut, d'ailleurs, remplacer le tableau par un papier cryptographique rayé d'avance, et il suffit d'avoir avec soi le transformateur indépendant, ce qui simplifie la question.

Nous allons examiner maintenant plus spécialement ce qui concerne la cryptographie militaire.

CRYPTOGRAPHIE MILITAIRE. — La cryptographie militaire se confondait, au début, avec la télégraphie militaire. Elle a été connue et employée, dès la plus haute antiquité, par les Perses, les Carthaginois, les Grecs et les Romains.

Les Spartiates employaient les *scytales*; c'étaient deux rouleaux identiques en bois ou en ivoire. Les magistrats de la ville gardaient l'une et donnaient l'autre à leur agent ou au chef de l'armée.

Pour envoyer une dépêche secrète, on enroulait exactement autour de la scytale une bande longue et étroite de parchemin et l'on y écrivait la dépêche, qui perdait toute signification lorsque le parchemin était déroulé.

Le correspondant n'avait qu'à enrouler le parchemin autour de la scytale qu'il avait emportée, pour restituer le sens exact.

Mille artifices ont été employés par les anciens : lettres placées entre les semelles du messager ou dans les pendants d'oreilles des femmes, dés percés de 24 trous à travers lesquels passe un fil, planchette d'Enéas, percée aussi de 24 trous figurant les lettres de l'alphabet, et à travers lesquels on passait une ficelle pour indiquer l'ordre de succession des lettres, vases de Polybe, avec torche et flotteur. L'imagination s'est donnée libre carrière pour inventer des procédés qui n'ont plus aujourd'hui qu'un intérêt historique.

On employa aussi des feux allumés sur les collines et diversement groupés, puis des torches que l'on faisait apparaître au sommet de tours.

C'était de la véritable télégraphie optique, et l'on en retrouve encore des vestiges assez nombreux, tels, par exemple, que la tour Magne à Nimes que plusieurs archéologues considèrent comme un ancien poste télégraphique romain.

Plus tard, on employa la méthode de Jules César, très usitée au moyen âge; puis vinrent le chiffre carré et les systèmes qui en dérivent, et enfin les dictionnaires chiffrés, que l'on tend à abandonner aujourd'hui.

L'importance de la cryptographie est considérable. Les Allemands l'ont bien compris, ils l'enseignent et lui donnent la plus grande extension.

Le général Lewal, dans ses *Études de guerre*, la considère comme un auxiliaire puissant de la tactique militaire.

Le sort d'une opération de guerre peut être compromis si les ordres, écrits en langage clair, sont surpris par l'ennemi.

Le général Bardin rapporte, dans ses *Recherches historiques sur l'art militaire*, qu'en 1814, les méthodes cryptographiques étaient abandonnées et que, lorsque Napoléon I<sup>er</sup> voulut concentrer ses forces, en appelant à lui toutes ses garnisons de l'étranger et plusieurs grandes garnisons françaises, les ordres furent expédiés en français, aussi peu de dépêches arrivèrent à destination, presque toutes furent interceptées par l'ennemi, et le sort de la France a peut-être dépendu de la désuétude de la cryptographie.

Son importance croît aujourd'hui encore avec le développement des lignes télégraphiques, qui permettent à l'ennemi, non seulement de surprendre une dépêche vraie, mais encore d'en envoyer de fausses, en greffant une ligne secondaire sur le circuit principal.

Et ce n'est pas seulement en temps de guerre que la cryptographie doit être employée. En temps de paix, il faudrait pourvoir d'un chiffre tous les chefs de service et les commandants de postes ou de colonne, et exercer nos officiers au maniement de cette correspondance. Une fois la guerre commencée, il est trop tard pour prendre cette mesure.

En temps de paix, d'ailleurs, on a besoin de correspondre secrètement. Jusqu'ici, les commandants de corps d'armée sont seuls pourvus d'un chiffre pour correspondre avec le ministre de guerre; il y a là une lacune à combler.

La difficulté sérieuse que l'on rencontre est d'avoir un système de cryptographie d'un emploi facile et sûr. Tout système de cryptographie militaire, en effet, doit réaliser un certain nombre de conditions, qui sont les suivantes :

1° Le système doit être matériellement indéchiffrable ;

2° Il ne doit pas exiger le secret, et doit pouvoir tomber sans inconvénient dans les mains de l'ennemi ;

3° Il faut qu'on puisse en retenir la clef de mémoire, sans le secours de notes écrites ;

4° Il doit être d'un usage simple et facile ;

5° Il doit être portatif, et ne pas comporter l'emploi d'un livre ou d'un appareil ;

6° Il doit être applicable à la correspondance télégraphique.

Il est facile de se rendre compte de la raison d'être de ces diverses exigences.

Le système doit être, non pas mathématiquement indéchiffrable, ce qui est impossible à réaliser, mais matériellement indéchiffrable, en égard au temps qu'il faudrait y consacrer. Cette condition est facile à réaliser, et elle est très importante, bien que certaines personnes croient que le secret des dépêches militaires n'a d'importance que pendant quelques heures. Il est certains cas où le secret doit être absolu pendant toute la campagne. Il ne faut pas oublier non plus, que si l'on arrive à déchiffrer une dépêche, on obtient ainsi la clef qui servira à déchiffrer les autres dépêches, car il ne faut guère compter, en campagne, sur la possibilité pratique de changer la clef.

Le système ne doit pas exiger le secret, sans quoi son emploi serait très restreint. C'est pourquoi il faut condamner l'usage des dictionnaires, tableaux ou appareils. S'ils sont assez peu volumineux pour que l'officier puisse les porter sur lui, il peut arriver que cet officier soit fait prisonnier, qu'il reçoive une blessure qui détériore le livre ou l'appareil.

S'ils sont volumineux, on les place aux bagages, sur une voiture ou un mulet; ils peuvent encore être détruits ou pris. Ils peuvent même arriver trop tard, comme il advint au général de Werder qui, le 8 janvier 1871, ayant reçu un télégramme du quartier-général prussien, ne put le déchiffrer immédiatement, parce que le dictionnaire était placé dans une voiture éloignée. De même, en 1877, pendant la guerre turco-russe, le sous-chef politique de Mehemet-Ali, Selim-pacha, s'étant absenté pour quelques jours, et ayant emporté par mégarde le livre à chiffrer, le général en chef ne put pas lire les dépêches cryptographiées qu'il reçut pendant ce temps.

Il faut, enfin, que le système se conforme aux exigences de la correspondance télégraphique, c'est-à-dire que le cryptogramme se compose exclusivement de lettres de l'alphabet ou de chiffres arabes, à l'exclusion du mélange des deux.

On peut dire, en résumé, que le système qui convient à la cryptographie militaire doit n'exiger qu'un crayon et du papier, et se rapprocher, autant que possible, de l'idéal indiqué par M. Kerckhoffs, de rester indéchiffrable pour son auteur lui-même.

C'est à la Commission de télégraphie militaire qu'il appartiendra d'introduire dans notre armée un système qui donne le plus possible satisfaction à ces desiderata.

# CHAPITRE III

## L'ÉCLAIRAGE ÉLECTRIQUE

### A LA GUERRE

PAR

P. JUPPONT

# L'ÉCLAIRAGE ÉLECTRIQUE A LA GUERRE

## Utilité de l'éclairage.

Les opérations militaires n'étant pas interrompues la nuit, mais simplement modifiées par l'absence de la lumière solaire, il est évident que l'emploi de foyers lumineux vient changer, dans de larges mesures, les conditions d'attaque et de défense nocturnes, soit d'une place forte, soit d'un corps d'armée en campagne.

Jusqu'à ces dernières années les foyers intenses n'avaient pu être produits pratiquement, mais l'électricité est venue lever cet obstacle et élargir le cadre des applications de la science à l'art militaire.

Grâce à des projecteurs spéciaux, à la faculté de produire des foyers puissants, par conséquent de diriger à de très grandes distances un faisceau lumineux, de nouvelles applications ont surgi; l'art de la guerre s'est enrichi de méthodes d'observation impossibles sans cet agent merveilleux, et la télégraphie optique a trouvé un auxiliaire docile, qui l'a secondée dans ses rapides progrès; les travaux sousmarins ont gagné en sûreté et en précision par l'emploi de lampes portatives; les signaux de nuit entre navires ont acquis une certitude de transmission que l'on n'avait jamais atteinte; en un mot, toutes les applications de l'éclairage ont été améliorées, perfectionnées par l'emploi de l'électricité.

Quelques citations d'autorités militaires montrent toute l'importance que nos grands généraux attachaient non seulement à l'éclairage d'un défilé, d'un pont, d'un ouvrage, ce dont l'utilité ne peut pas être contestée, dans certaines circonstances; mais aussi pour la défense d'une place assiégée ou d'un camp.

Vauban pensait qu'il était très difficile de forcer les lignes autrement que pendant la nuit : une conséquence logique était que si l'on parvenait à les éclairer, elles conserveraient leurs propriétés défensives ; mais l'imperfection des moyens d'éclairage ne lui permit pas de confirmer ses théories. Il proposait l'emploi de bûchers établis d'avance en avant des lignes et confiés à deux ou trois soldats qui avaient reçu l'ordre de les allumer à un signal donné.

« Ces feux allumés, dit-il, suppléeront au défaut de lumière qui pourrait manquer et feront un jour artificiel d'autant plus dangereux pour l'ennemi, qu'on tire beaucoup mieux et plus droit à la lueur du feu pendant la nuit, que pendant le jour »[1].

Plus tard Dupuget, en 1771, écrit en parlant de bûchers analogues à ceux qui ont été proposés par Vauban[2] : « A la lueur de ces incendies on verrait à faire de bonne besogne. »

La tactique moderne a employé également l'éclairage dans certaines circonstances. Comme exemple, nous rappellerons un des nombreux faits d'armes du maréchal Bugeaud lors de la campagne de Kabylie (1847).

Les troupes françaises avaient établi leurs cantonnements au bord de la rivière Sunnam, près des montagnes des

---

1. *Traité de l'attaque des places*, Vauban.
2. *Essai sur l'usage de l'artillerie*.

Benni-Abbas, et se reposaient des fatigues d'une longue marche, sans que rien fût venu trahir la présence de l'ennemi, que l'on savait cependant dans le voisignage.

Au milieu de la nuit, des feux brillèrent subitement au sommet des pitons voisins et descendirent lentement dans la direction du camp français. Les Kabyles commençaient ainsi une attaque et s'approchaient insensiblement de nos soldats en poussant leurs cris de guerre, accompagnés d'une fusillade bien nourrie que l'obscurité rendait presque inoffensive.

Le maréchal fait, dès le commencement de l'attaque, éteindre tous les feux, défend de tirer un coup de fusil, ordonne le plus profond silence et fait disposer autour du camp une série d'artifices éclairants prêts à s'allumer à son commandement.

Les Kabyles, trompés par ce silence, s'approchent de plus en plus, et lorsqu'ils sont parvenus à portée de fusil, tous ces artifices allumés subitement au même instant, sont le signal du tir de l'infanterie et de l'artillerie, qui, grâce à cette lumière subite, devient d'une grande sûreté, et les Kabyles, surpris par une défense aussi brusque et aussi vigoureuse, se replièrent en désordre sans opposer de résistance.

Ce fait d'armes montre l'utilité de l'éclairage en campagne. Vauban, ainsi que nous venons de le voir, avait affirmé son utilité pour la défense d'une place assiégée. Cette manière de voir a pleinement subsisté, et en 1852 Martin de Brettes écrivait : « L'importance des artifices éclairants dans la guerre de siège... deviendra de plus en plus grande à mesure que l'on trouvera des moyens d'éclairage plus parfaits et plus certains.

» Il est facile de s'en rendre compte en examinant la marche générale d'un siège. On sait que l'assiégeant s'avance avec lenteur vers la ville au moyen de travaux pénibles, et que les difficultés augmentent d'autant plus que les têtes de sape approchent davantage de la place assiégée.

» C'est qu'à partir de la troisième parallèle, l'assiégeant, obligé, pour cheminer, d'employer la sape pleine, s'arrête généralement le jour, ou n'avance pas sensiblement tant qu'il est tourmenté par l'artillerie. Mais, pendant la nuit, l'incertitude du tir permet de marcher plus vite et même de faire à la sape volante quelques parties des cheminements, et il rattrape ainsi le temps perdu ; *de sorte que, si on avait un moyen sûr d'éclairer suffisamment pendant la nuit les travaux de l'ennemi pour assurer la justesse du tir de l'artillerie, les têtes de sape étant arrêtées la nuit comme le jour, le siège n'avancerait plus et pourrait durer ainsi indéfiniment.*

» C'est une opinion généralement admise et professée dans les cours officiels d'attaque et de défense des places. »

L'éclairage électrique atteint parfaitement ce but. Il est, d'une production facile, et la puissance des foyers donne à cette lumière une très grande portée, qui le rend supérieur aux autres procédés.

Ajoutons, pour terminer cet aperçu succinct, que si l'électricité vient mieux que tout autre, aider l'art de détruire, elle sert aussi beaucoup mieux la cause humanitaire; cet éclairage permet, après le combat, même s'il a cessé la nuit, de rechercher facilement les blessés sur le champ de bataille, et de ramener aux ambulances les malheureux dont les forces épuisées ne sauraient résister à une nuit de souffrances passée sur le sol et sans le moindre secours.

Cet examen rapide et les quelques citations d'auteurs compétents prouvent donc surabondamment l'utilité de l'éclairage électrique dans les circonstances les plus variées qui peuvent se présenter pendant une guerre de siège ou en campagne.

**Aperçu historique.** — L'emploi de la lumière artificielle dans l'art de la guerre remonte à la plus haute antiquité.

Dans les premiers âges, le *feu* fut employé surtout comme moyen de destruction, les combats ayant lieu à l'arme blanche et corps à corps, la nécessité d'éclairages à grande distance ne se faisait pas sentir; dans certains cas cependant, ils ont servi à transmettre des signaux.

Les livres anciens nous ont conservé à ce sujet des documents intéressants, mais qui, malheureusement pour la plupart, ne sont arrivés jusqu'à nous que très incomplets.

Les applications de la science à la guerre ont dès ces époques lointaines donné des résultats surprenants. Les fameux miroirs ardents à l'aide desquels Archimède incendiait la flotte romaine devant Syracuse, ont même été mis en doute jusqu'au moment où les expériences de Buffon vinrent donner à ces faits une vraisemblance bien fondée.

Le *feu grégeois*, dont la découverte est attribuée à Callinicus, architecte d'Héliopolis, est resté célèbre; et sa composition n'a pu être établie d'une façon certaine. Ses propriétés merveilleuses l'avaient fait mettre au rang des secrets d'État sous Constantin.

Les moyens de destruction de ce genre continuèrent à être en faveur à travers les âges; Louis XIV même acheta en 1702 à un Italien, nommé Paoli, le secret d'une composition incendiaire dont il ne voulut pas faire usage.

Mais ce n'est pas à ce point de vue que la production du *feu*, suivant l'expression des anciens, nous intéresse; ce sont plus particulièrement les applications à l'éclairage proprement dit que nous devons examiner.

Suivant les cas, il doit être long ou momentané, soit pour observer l'ennemi, faire un signal, ou pour diriger le tir sur un but déterminé, reconnaître une fortification, etc. Ces conditions variables impliquent l'emploi d'engins peu différents, suivant la durée du signal, c'est-à-dire, suivant qu'il s'agit de faire de la télégraphie ou de l'éclairage. Ces deux sciences sont tellement liées l'une à l'autre, qu'il est bien difficile d'établir entre elles une ligne de démarcation, les principes des appareils étant souvent identiques, les dimensions et les conditions d'emploi seules étant différentes.

Les éclairages de courte durée, pour signaux, remontent à la plus haute antiquité et sont connus de presque tous les peuples. On employa toutes les substances inflammables connues : le bois, la résine, des mélanges plus ou moins complexes possédant des propriétés particulières; mais les torches sont les seuls appareils d'éclairage qui, avec des améliorations, ont survécu à travers les siècles. Ce moyen primitif ne tardera pas à disparaître dans beaucoup de cas, pour céder le pas aux inventions modernes.

Dans certaines circonstances les torches étaient à la fois un signal et un instrument incendiaire; telle est la *masse à feu* (fig. 25), ainsi décrite par Hanzelet : « Je vous donne en la

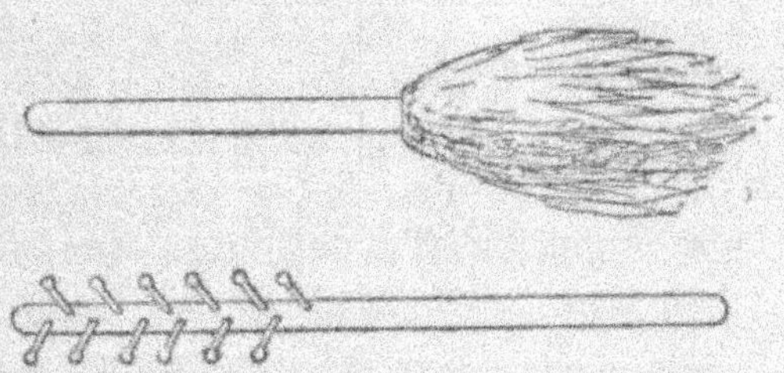

Fig. 25. — Masse à feu, d'après Hanzelet.

main une autre façon de feu pour servir en quelque alarme ou autre occasion. Prenez un baston, ou bout de pique de huict à douze pieds; mettez des cloux aux costez distans environ d'une palme, et jusques à deux poulies près du bout : couvrez vostre baston, à l'endroit des cloux, de roche de soulfre, sur laquelle vous lierez des estouppes, et sur les estouppes mettrez encore de la dicte roche de soulfre, et puis de rechef des estouppes, et le grossirez de mesme façon tant qu'il vous plaira, et enfin vous lierez le tout, de bonne ficelle. Quand vous le voudrez employer, mettez-y le feu, et estant bien allumé secoüez la sur vostre ennemy, lors le dict feu s'espenchera et attachera si fort, qu'il ne quittera hommes, armes ny chevaux qu'il ne soit consommé, et durera ainsi longtemps. »

L'apparition subite de lumière au milieu de la nuit devait certainement frapper l'esprit superstitieux des anciens; nous ne rappellerons de ce fait qu'un exemple bien connu. Pendant les fameuses guerres contre Carthage, le consul Q. Fabius, ayant cerné Annibal dans un défilé, se croyait sûr de capturer son redoutable ennemi. Mais dans la nuit, Annibal fit rassembler 2,000 bœufs, aux cornes desquels on attacha du bois sec; le feu ayant été mis à ces fagots, les bœufs furent chassés dans le camp des Romains, qui, surpris de cette apparition soudaine de lumières se tinrent sur la défensive, tandis que les Carthaginois opéraient leur retraite en bon ordre.

On connait également la ruse qu'employaient les écumeurs bretons pour attirer sur le rivage les navires en détresse.

Pour l'éclairage des fortifications, on employa, au moyen âge, le *lampion de parapet* (fig. 26), vase en fer fixé contre

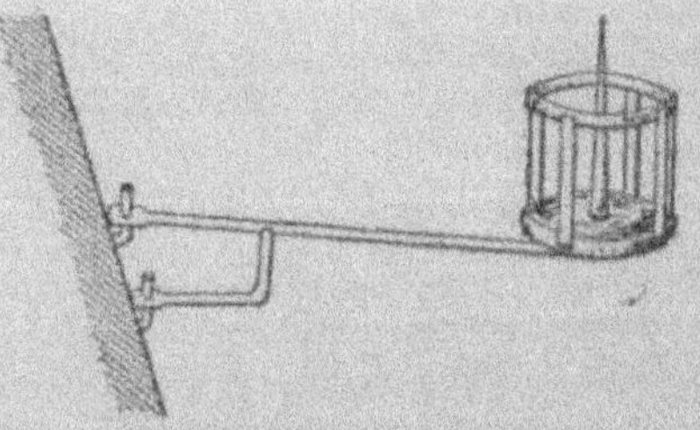

Fig. 26. — Lampion de parapet.

les constructions, dans lequel on plaçait du goudron et de la poix que l'on pouvait enflammer à un moment quelconque.

Une autre forme de cet appareil est le *réchaud de rempart* (fig. 27); il est porté par une fourche en fer fixée à

Fig. 27. — Réchaud de rempart, d'après Suring de Saint Remy.

l'extrémité d'une chaine. On pouvait donc le descendre du parapet dans le fossé, pour l'explorer, et surprendre l'ennemi. On y brûlait des goudrons, des tourteaux et des cercles goudronnés. Certains de ces réchauds portatifs ont reçu le nom de *rondaches*.

Plus tard on chercha à projeter dans l'air des objets enflammés qui, lancés du côté de l'ennemi, pouvaient en faire connaître la position. Pendant le siège de Damiette (1290) par Saint-Louis, les assiégés lancèrent quantité de flèches ardentes pour éclairer momentanément l'armée française et reconnaître ses mouvements.

L'invention de la poudre améliora ces engins : les flèches ardentes (fig. 28) furent remplacées par des projectiles aux-

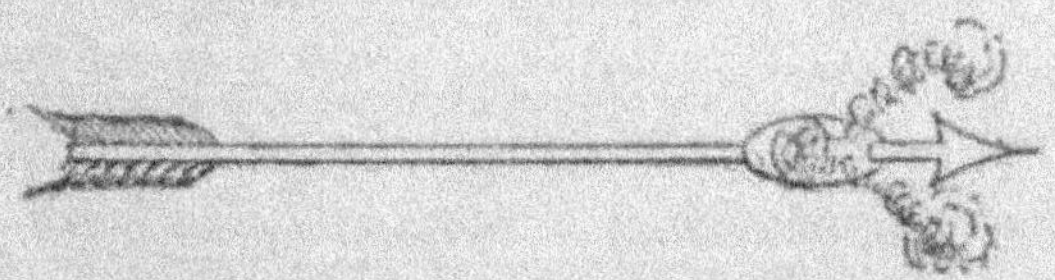

Fig. 28. — Flèche à feu, d'après Hanzelet.

quels on donna le nom de balles ardentes ou balles à feu. Les premières ont été employées au siège de Vérone par les Vénitiens en 1515. Ces balles se lançaient (au moyen de machines balistiques, plus tard à l'aide de bombardes, enfin par des mortiers de divers calibres) jusque dans le camp ennemi, ou sur la portion de terrain que l'on voulait éclairer. Elles ont un inconvénient : la source de lumière se trouve mise à la portée de l'ennemi qui peut l'éteindre; aussi chercha-t-on différents moyens pour supprimer ce défaut, mais ils sont trop dispendieux et l'emploi de ces artifices se protégeant eux-mêmes ne s'est pas très répandu.

Actuellement la *balle à feu* (fig. 29) est composée d'un sac

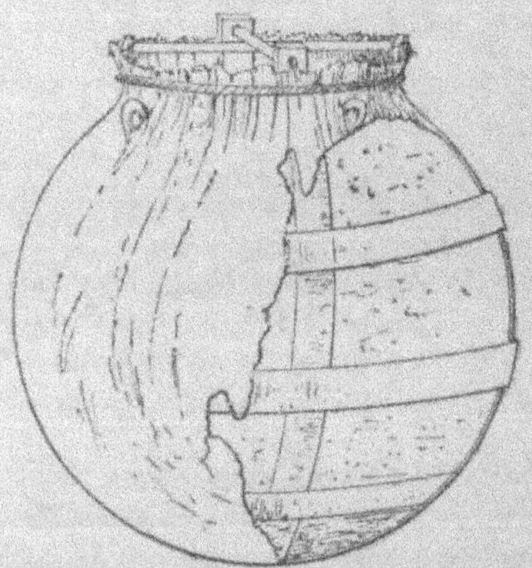

Fig. 29. — Balle à feu.

de treillis renforcé par une carcasse en fil de fer ou en tôle d'acier contenant une composition propre à éclairer. Ordinairement elle renferme une grenade qui en défend l'approche. La balle à feu recouverte d'une couche de goudron, est munie de trois trous d'amorce qui permettent d'abord l'inflammation de la composition fusante, puis la formation du jet de flammes. On peut la lancer à 1,000 et 1,200 mètres; elle éclaire pendant 8 à 10 minutes. On a même essayé des *balles à feu parachute* au commencement du siècle, surtout en Angleterre et en Danemark, mais les résultats n'ont pas été satisfaisants. En admettant leur efficacité, il faudrait les employer par un temps calme ou par une légère brise les poussant vers le terrain à éclairer.

On se sert également de la *grenade éclairante*, sphère en caoutchouc chargée de composition Lamarre à feu blanc; elle porte un tube d'amorce contenant une composition fusante qui brûle de 8 milimètres à la seconde, et elle peut éclairer un cercle de 10 mètres de rayon.

Plus récemment, MM. Pfund et Schmidt ont proposé une modification des torpilles de terre [1] que l'on peut appeler *torpilles éclairantes*. Au lieu de les charger avec de la dynamite ou une poudre brisante, on y renferme une composition éclairante qui prend feu par un des moyens employés pour la mine et produit l'effet d'un immense feu de Bengale qui signale l'ennemi même à une grande distance.

Dans ces conditions, un corps de troupes peut lui-même révéler sa présence, ce qui est éminemment précieux dans la défense d'une ville assiégée.

On a même essayé, en Angleterre, la lumière Drumond, et plus récemment un moyen tout spécial pour produire des signaux. Ce dernier procédé, dû à Carl Otto Ramstedt, officier de la marine russe, consiste à éclairer au moyen d'une

---

1. Ces torpilles de terre se divisent en trois catégories :

1° *Les torpilles de pression* éclatent automatiquement par le passage de l'ennemi, soit qu'il foule le sol, soit qu'il dérange un objet placé à dessein sur sa route, etc. Dans ces conditions, une retraite feinte, peut être une attaque très meurtrière si les mines sont convenablement disposées;

2° *Les torpilles d'observation* mises en feu par un observateur à poste fixe qui décide lui-même du moment opportun ou reçoit le signal d'un deuxième observateur mieux situé;

3° *Les torpilles automatiques* qui fonctionnent à une heure fixée d'avance à l'aide d'un mouvement d'horlogerie très simple.

source lumineuse intense, un jet de vapeur sortant d'une cheminée spéciale.

L'administration des phares (Trinity Board) a fait quelques expériences à ce sujet. A l'intérieur d'une chambre, on produit une flamme que l'on colore en y introduisant des sels métalliques, soit de strontium, de baryum ou autre. Sur l'une des parois, se trouve un réflecteur qui permet de diriger le faisceau lumineux dans une direction quelconque ; lorsque ce jet de lumière frappe le nuage de vapeur, il en colore la masse, et ce nuage devient visible à une grande distance.

Lorsque ce procédé est appliqué sur un navire, en mer, on fait échapper la vapeur par les cheminées du bâtiment et on l'éclaire au moyen de la source dont on dispose. On a même, pour les voiliers, obtenu des résultats satisfaisants en éclairant les voiles elles-mêmes.

L'ÉCLAIRAGE ÉLECTRIQUE. — Si les moyens imparfaits que nous venons de passer rapidement en revue ont rendu des services, que n'est-on pas en droit d'attendre de l'électricité, cette forme de l'énergie qui se prête si bien à toutes nos exigences, qui satisfait aux besoins les plus variés, et obéit avec une docilité sans égale.

En 1852, Martin de Brettes, capitaine au 3ᵉ régiment d'artillerie, dans son *Traité des Artifices éclairants*, avait longuement étudié les applications possibles de la lumière électrique aux manœuvres de guerre. Il écrivait : « Cette lumière remplit ainsi, mieux que toutes les autres, les principales conditions auxquelles doivent satisfaire les foyers lumineux à la guerre. Reste à voir s'il existe des moyens, simples, faciles et certains de l'appliquer aux besoins du service militaire. »

Cet auteur, s'appuyant sur les expériences d'Archereau, constate que la lumière électrique produite avec des matières communes et des appareils simples est très économique, d'une manière absolue, mais surtout eu égard à sa grande puissance éclairante.

Dans la discussion des applications possibles de l'éclairage électrique, il avait songé à la « réalisation d'un *appareil éclairant projectile.* » Il faudrait pour cela, dit-il dans le même ouvrage, « posséder une petite pile extrèmement puissante, capable d'être enfermée dans un projectile creux. Le problème n'est pas insoluble, malgré les difficultés qu'il présente, mais n'est pas résolu encore. D'ailleurs, le fût-il complètement, le projectile éclairant électrique, malgré sa puissante lumière, aurait les principaux inconvénients des projectiles éclairants ordinaires, sans compter qu'il coûterait probablement plus cher. Nous rejetons donc ce moyen d'éclairage, du moins actuellement. »

On voit par ce fait l'enthousiasme qu'avait provoqué la lumière électrique et les services qu'on en attendait dès cette époque, car il ajoute : « La lumière électrique donnerait probablement à l'homme le moyen de créer un puissant soleil artificiel pour suppléer le vrai soleil pendant son absence. »

Aussi, dès que la pile put être employée à la production de l'arc voltaïque, des tentatives furent faites pour l'appliquer aux besoins de l'armée, malgré l'imperfection des moyens d'action, surtout dans ce cas. La pile est, en effet, encombrante, difficile à transporter, si on la compare aux machines dynamo-électriques, exige une surveillance continuelle : tous ces défauts réunis n'empêchèrent pas la flotte française à Kinburn (1855), dans la campagne de la Baltique, d'employer un réflecteur parabolique pour lancer un faisceau de lumière électrique sur le point attaqué.

La guerre d'Italie (1859) fournit une nouvelle occasion d'utiliser l'électricité. Cette fois on employa des piles Grenet

et les expériences furent exécutées à Paris ; mais la paix
de Villafranca interrompit ces essais qui, vu l'imperfection
de la source, n'auraient pu donner des résultats pratiques,
car la première condition à réaliser dans ce cas est la
promptitude de mise en train, qui est souvent une garantie
de succès. Or la pile est très longue à mettre en fonction
et le maniement du liquide acide est une opération délicate
demandant beaucoup de soin ; il y avait donc impossibilité
de construire sur ce principe un matériel de campagne
présentant les conditions requises.

La France n'était pas la seule nation entrant dans cette
voie : à l'Exposition de 1867, l'Autriche avait envoyé un
réflecteur parabolique de très grandes dimensions ayant à
son centre un foyer électrique.

Antérieurement l'Italie avait, pendant la guerre contre
le roi de Naples (1861), construit un appareil permettant
des projections utiles à 1 500 mètres, mais il n'eut pas
l'occasion d'être essayé pendant les opérations militaires.

L'apparition des machines magnéto-électriques devait
améliorer les résultats, mais cette source d'électricité était
encore trop lourde pour être transportée à la suite d'une
armée et faire partie du matériel de campagne.

Là où cette difficulté n'existait pas, les nouveaux engins
purent être utilisés ; tels sont les phares et les bateaux à
vapeur.

La première expérience ayant donné des résultats fut
faite pendant la guerre franco-allemande, sous les murs de
Paris.

Les assiégés l'employèrent comme source d'éclairage et
comme moyen de communication télégraphique. Sur la
butte Montmartre était installée une machine de l'Alliance
qui fournissait le courant à un régulateur Serin, dont les
rayons, malgré l'imperfection des réflecteurs employés,
permirent de surprendre quelques mouvements de l'ennemi

et d'éviter plusieurs surprises de nuit ; le faisceau lumineux éclairait le plateau d'Argenteuil.

Si peu importants qu'aient été les résultats, ils servirent de guide aux Allemands, qui étudièrent immédiatement cette question nouvelle, et dès 1873, à l'Exposition de Vienne, on voyait figurer à côté des appareils français, machine Gramme, et projecteurs de la maison Sautter et Lemonnier, un ensemble analogue sorti des ateliers de la maison Siemens, de Berlin.

Ce sont les dynamos, par suite la machine Gramme, qui permirent de combiner les premiers appareils transportables, dignes de ce nom, pouvant suivre les manœuvres d'une armée en campagne. Depuis, la question n'a cessé d'être travaillée et les résultats acquis sont des plus satisfaisants.

PROJECTEURS. — Les moyens à employer pour concentrer le faisceau lumineux sur un point déterminé ne sont pas indifférents. En campagne, où l'on ne peut emporter que des générateurs légers, la puissance lumineuse du foyer est forcément très limitée ; il faut donc des projecteurs aussi parfaits que possible, ne perdant qu'une faible quantité de lumière et donnant aux rayons le parallélisme le plus complet.

Les lentilles perdent beaucoup de lumière, le miroir parabolique est d'une construction difficile et se déforme aisément ; on ne pouvait les appliquer dans ce cas. Le miroir aplanétique du colonel Mangin a supprimé tous ces inconvénients (fig. 30). Il est formé de deux surfaces sphériques de courbures différentes, superposées, taillées dans un bloc de verre ; la face concave est simplement polie, tandis que la surface convexe est *argentée* et forme le fond du miroir. Les rayons qui frappent cette dernière surface sont réfléchis et traversent deux fois le verre qui forme le

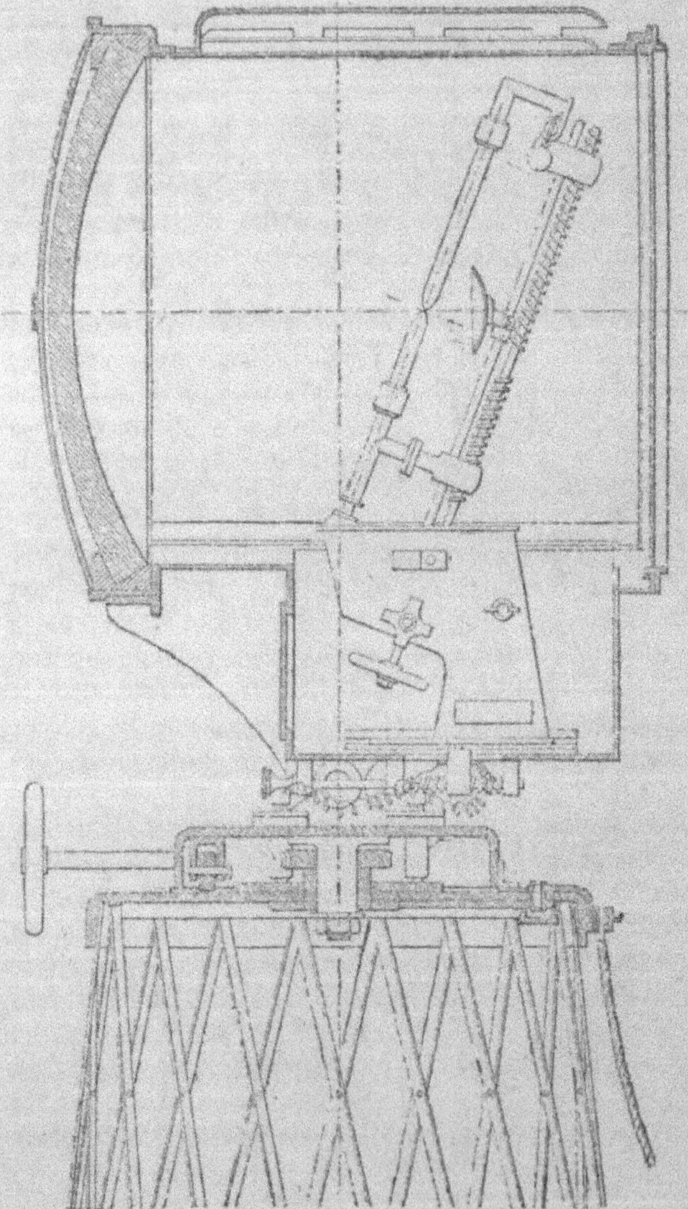

Fig. 30. — Projecteur du colonel Mangin.

réflecteur ; c'est grâce à cette double réfraction que l'on obtient le parallélisme rigoureux des rayons.

Lorsque l'on veut faire une observation, et que le foyer lumineux est au centre du miroir, le faisceau cylindrique projeté est très puissant, mais n'éclaire qu'une surface de terrain restreinte. Pour agrandir le champ éclairé, il suffit de donner au faisceau une forme conique en déplaçant le foyer lumineux à l'aide d'un mécanisme quelconque. Ce procédé a l'inconvénient de disperser en hauteur ce qui est inutile, par suite, de perdre une grande quantité de lumière.

On emploie de préférence un dispenseur formé de lentilles divergentes plano-cylindriques, que l'on place sur le passage des rayons lumineux : de cette façon on étale horizontalement le faisceau et l'on donne au champ éclairé une forme sensiblement rectangulaire. On peut, grâce à ce moyen ingénieux, donner horizontalement au faisceau des divergences de 12 degrés, alors qu'il n'avait que 2 degrés au sortir du miroir.

Le projecteur est monté sur un axe mobile lui-même dans son plan ; de cette façon, on peut donner très commodément au faisceau toutes les directions et explorer un terrain quelconque avec la plus grande facilité.

C'est à la mer, surtout dans les attaques par torpilleurs, que la lumière électrique doit rendre les plus grands services, en permettant de rechercher cet ennemi presque invisible, dont les attaques sont un des plus graves dangers que puisse courir un navire. Les récentes expériences montrent que les cuirassés, grâce à ces moyens, peuvent lutter contre ce redoutable ennemi, bien que les récits les plus extraordinaires aient été faits sur les moyens d'attaque et les chances de succès des torpilleurs. Nous rappellerons seulement le récit suivant, fait par un journal quotidien qui donnait les résultats des simulacres d'attaque d'une escadre par une flottille de torpilleurs.

Nous citons textuellement en laissant au lecteur le soin d'apprécier ce récit tant soit peu exagéré :

« Dans les expériences de ce genre, un cuirassé est reconnu torpillé lorsque le Tornikroft qui l'attaque est parvenu à 50 mètres du navire, distance minima pour le lancement de la torpille.

« En ce cas, l'assaillant arbore à l'avant comme signal un petit drapeau si c'est pendant le jour, un falot de couleur si l'attaque est pendant la nuit.

« L'escadre d'évolution se dirigeait donc, il y a quelques jours à peine, de Salyns-d'Hyères à Toulon, lorsque le vaisseau-amiral signala tout à coup que les torpilleurs qui accompagnaient l'escadre allaient prendre le large et simuler une attaque.

« Il faisait une nuit noire et nos cuirassés voguaient à petite vapeur.

« Les longues lignes de lumière électrique zébraient l'horizon de leurs rayons lumineux ; les timoniers, la longue-vue à l'œil, fouillaient l'espace, recherchant d'où allait venir le danger ; les fusiliers, le doigt sur la détente, attendaient un signal pour faire feu, et les canonniers, la main sur la crosse de leur canon-revolver, cherchaient leur ennemi invisible, lorsque trois petites lanternes rouges apparurent à quarante mètres à peine des cuirassés.

« Les torpilleurs, trompant la surveillance de tous les équipages, venaient de réussir leur attaque avec un plein succès.

« L'escadre marchait sur une double ligne de bataille, le vaisseau-amiral au centre. Si le combat eût été réel au lieu d'être une simple expérience, notre escadre entière, à l'exception du vaisseau-amiral, était détruite.

« Et cependant les précautions ne manquaient pas : nos officiers prévenus dès la veille, s'attendaient à l'attaque des torpilleurs 62, 64 et 65 entre minuit et trois heures du matin ; or, à une heure moins un quart le résultat était connu !

« Du reste, comment en serait-il autrement lorsqu'on songe à cette autre expérience tentée, il y a deux ans, dans le port de Cherbourg et dont le résultat a été si curieux ?

« Des torpilleurs avaient été désignés pour attaquer pendant la nuit des navires ancrés dans le port. Le branle-bas sonné à bord des vaisseaux, chacun était à son poste, l'œil aux aguets, prêt à signaler l'ennemi, à faire feu, à le combattre. Timoniers, canonniers, fusiliers, tous les équipages concouraient à la défense commune.

« Le commandant de chaque bord, enfermé dans le fort central, multipliait ses ordres par ses appareils électriques et téléphoniques, lorsque tout à coup, au milieu du branle-bas général, un lieutenant de vaisseau, la casquette à la main, se présente à la porte du poste de combat du capitaine de vaisseau.

« — Commandant, je suis à vos ordres… Me voici.

« — Qui êtes-vous ?

« — Je suis l'officier commandant un des torpilleurs chargés de vous faire sauter. Non seulement j'ai pu forcer la ligne de défense, mais encore parvenir sans encombre jusqu'à vous…

« En effet, trompant la surveillance de l'équipage entier, le torpilleur et ses hommes avaient pu accoster sans bruit les flancs de l'immense cuirassé, et l'officier, empoignant l'échelle de corde, avait traversé la coupée sans être vu des factionnaires ; il venait de pénétrer au milieu du branle-bas de combat jusqu'au commandant sans être reconnu.

« Cela ne tient-il pas du prodige ?

« On frémit lorsqu'on songe à la puissance de destruction de pareils engins. Plusieurs systèmes ont été proposés pour combattre cette puissance ; ils sont tous ou peu réalisables ou inefficaces. Le torpilleur est le roi des mers de l'avenir, et rien ne pourra de longtemps l'arrêter dans sa course effroyable et terrible. »

La meilleure confirmation de l'importance des projecteurs à bord des navires de guerre est le décret ministériel de janvier 1883, fixant l'armement photo-électrique de nos bâtiments. Il prescrit pour les cuirassés d'escadre de premier rang, les croiseurs, les cuirassés de station, les gardes-côtes cuirassés et éclaireurs d'escadre : deux machines Gramme de 1 600 becs et deux projecteurs Mangin de $0^m,60$, trois lampes à main, un commutateur de couplage et, pour le canot à vapeur, une dynamo Gramme de 200 becs. Pour les cuirassés de station, deux appareils de 500 becs accouplés.

Au mois de mai 1884, on fit dans la rade de Brest, des expériences de projection électrique, ayant pour but de rechercher expérimentalement s'il est possible à un navire de forcer l'entrée de la rade.

A cet effet, un remorqueur, le *Laborieux*, représentant l'ennemi, devait essayer, par une nuit sombre, de pénétrer dans la rade, dont l'entrée large et en eau profonde permettrait à un ennemi véritable de tenter cette opération.

Il fallait reconnaître si les foyers placés à terre étaient capables de révéler la présence de l'assaillant, et, par suite, de permettre la mise en œuvre, au moment voulu, de l'artillerie de position et des torpilleurs qui constituent la défense.

Un foyer de 4 000 carcels fut placé à l'entrée du port militaire ; il permettait d'éclairer les bâtiments en rade d'une façon parfaite.

Le *Laborieux* figurant l'ennemi chercha, en prenant toutes les précautions nécessaires, à forcer le passage sans être vu ; mais il fut découvert au milieu du goulet.

Dès qu'il s'aperçut qu'il avait révélé sa présence, il changea de route à plusieurs reprises et dans des directions différentes ; mais, malgré toutes ces feintes, il fut possible de le suivre constamment à l'aide du faisceau lumineux et de l'éclairer sans interruption.

Or, pendant cette manœuvre, deux torpilleurs, à leur poste près de terre, auraient pu très facilement s'approcher de ce navire sans en être aperçus, et lancer sûrement leurs torpilles, car ils auraient été favorisés par l'obscurité relative qui entourait le remorqueur plongé dans le faisceau de lumière, et par cette circonstance favorable, que l'agresseur ne peut sans révéler sa présence, employer la lumière électrique pour fouiller l'horizon.

De l'avis de la commission, cette expérience concluante a prouvé que deux foyers puissants permettent de découvrir à temps, toute manœuvre ennemie ayant pour but de franchir la passe de la rade.

Cette nécessité de foyers et projecteurs à bord des navires a été reconnue par toutes les nations civilisées, même par la Chine et le Japon, qui ont muni leur flotte de guerre d'engins photo électriques d'une grande puissance.

En Allemagne, il a été également fait de nombreux essais d'éclairage électrique des opérations militaires ; à Nuremberg (Bavière), la maison Schuckert (1883) installa sur le toit de son usine une lampe Schuckert et un réflecteur Fresnel. En se servant d'un courant de quarante ampères, on éclairait, à 3 750 mètres, une surface de 80 mètres de diamètre ; l'intensité lumineuse était suffisante pour permettre de lire les caractères ordinaires d'imprimerie.

INFLUENCE DE LA COLORATION DES OBJETS SUR LA DISTANCE D'OBSERVATION. — Pour déterminer la distance limite à laquelle la lumière électrique peut être employée, il faut évaluer le chemin total franchi par les rayons lumineux partis de la source, et réfléchis par l'objet éclairé jusqu'à l'œil de l'observateur.

Si ce dernier est placé près de la source, la lumière doit parcourir deux fois l'intervalle qui le sépare du but pour revenir jusqu'à lui. Comme la lumière s'affaiblit proportionnellement au carré de la distance, on voit qu'il faut rapprocher autant que possible l'observateur de l'objet que l'on observe. A la guerre, c'est une chose possible, car on peut faire avancer les éclaireurs sur l'ennemi et maintenir les appareils de projection hors de la portée du canon.

Comme les objets éclairés ne renvoient qu'une fraction de la lumière qu'ils ont reçue, leur couleur et la nature de leur surface a une grande importance.

Des expériences ont été faites en Allemagne, et, des résultats consignés dans les archives de l'Artillerie et du Génie de l'armée allemande, nous extrayons l'expérience suivante :

Dans une grande prairie, au pied d'une longue colline sur laquelle étaient situés un moulin à vent, un clocher d'église et une forteresse, on éclaira à des distances variables des groupes de personnes dont deux étaient complètement vêtues de blanc, les autres de bleu et deux de rouge ; trois séries d'essais ont été exécutés avec des machines Gramme et Siemens, et avec des réflecteurs de diamètres différents.

Les résultats principaux sont les suivants : avec deux machines Gramme A. G. de 500 bougies chacune, et un réflecteur Mauschen, on distinguait nettement un moulin situé à 1 830 mètres. Le blanc est la couleur qui se détache le mieux : on apercevait à 914 mètres les personnes vêtues de blanc, tandis qu'à 680 mètres on ne distinguait plus celles qui étaient vêtues de bleu.

Avec une source plus puissante, une machine Gramme DQ de 4 000 carcels et un réflecteur de 0m 90 de diamètre, on distinguait les personnages blancs et rouges à 1 400 mètres ; le bleu n'était plus visible ; et la forteresse sise à 3 200 mètres se détachait confusément.

L'influence de la couleur des objets sur leur visibilité, lorsqu'ils sont éclairés à la lumière électrique, est donc nettement confirmée par cette expérience ; elle montre que le costume, suivant sa couleur, permet de révéler la présence du soldat à des distances très différentes.

On a également fait des expériences sur mer.

L'Amirauté anglaise a cherché à déterminer pratiquement de quelle façon il valait mieux peindre les bateaux destinés aux attaques de nuit.

Le *Bloodhound*, à bord duquel on faisait les observations, était amarré le long de l'angle nord de l'arsenal à Portsmouth ; la lumière dirigée vers l'intérieur du port.

L'expérience a été faite avec trois embarcations :

Une guigne peinte en blanc ;

Une guigne peinte en noir, en dedans et en dehors avec avirons noirs ; la figure et les mains des hommes étaient recouvertes de voiles en étamine bleu (on n'avait pu se procurer de l'étamine noire), la moitié de l'équipage habillée en serge bleue, l'autre moitié en waterproof noir ;

Un canot verni.

Les deux guignes s'approchèrent de la canonnière venant du côté du port, et se tenant par le travers l'une de l'autre.

L'embarcation blanche se vit parfaitement sur tout son parcours. On n'aperçut la noire qu'à 500 mètres par l'éclat de son sillage ; sa couleur propre n'était distincte qu'à 10 mètres.

Le canot verni courut, dans une seconde épreuve, avec les deux guignes ; on le voyait très bien, mais moins facilement que l'embarcation blanche.

Dans quelques cas, les voiles d'étamine des hommes de la guigne noire étant mal mis, ont laissé paraître une partie du cou des matelots qui brillait alors comme un point lumineux.

APPAREILS D'ÉCLAIRAGE ÉLECTRIQUE. EMPLOIS. AVANTAGES. INCONVÉNIENTS. — La lumière électrique présente ce grand avantage qu'elle peut être interrompue ou produite avec la plus grande facilité; mais ce n'est pas la seule condition à remplir : il faut que le foyer soit transportable et que l'on puisse le relier commodément au générateur. C'est la première de ces deux conditions qui, nous l'avons dit, a été le plus grand obstacle au développement de l'éclairage dans les armées de terre.

Dans la marine, les services rendus ne sont pas moins importants; là, l'électricité a pu être employée depuis un laps de temps beaucoup plus long, car sur les navires on dispose d'une force motrice considérable.

Si la lumière électrique permet de distinguer et trouver les positions de l'ennemi à grande distance, et de déterminer les points sur lesquels on doit concentrer le tir des batteries, il faut remarquer que le foyer lumineux indique à l'ennemi la position de l'adversaire qui l'observe; ce qui est un inconvénient sérieux, bien que l'appareil ne forme qu'un but de dimensions restreintes. On a proposé, pour empêcher la détermination de la distance au moyen de télémètres, de noyer le faisceau lumineux scrutateur, dans un autre qui le coupe à angle droit; l'ennemi aperçoit entièrement le deuxième faisceau et de ce fait, l'observation au télémètre perd de sa précision, puisqu'il devient difficile de prendre un point de repère.

Dans la marine, il se présente un autre inconvénient d'une certaine importance : les marins sont généralement habitués à l'obscurité et parviennent, grâce à une faculté qui se développe à la longue, à distinguer des objets complètement invisibles pour des yeux moins exercés. Si l'on vient à se servir de projecteurs, l'éclat du faisceau augmente l'obscurité relative de chaque côté de la traînée lumineuse qu'il trace dans l'espace, et la précieuse faculté du marin se trouve perdue, au moins pour un certain temps.

Il existe un procédé simple pour supprimer presque complètement ces deux défauts de la lumière électrique : au lieu de placer le réflecteur sur le cuirassé ou le navire en observation, on l'envoie à une certaine distance au moyen d'un bateau spécial en le reliant à la dynamo placée sur le vaisseau d'attaque par deux câbles convenablement installés.

On peut y ajouter une communication téléphonique pour que l'observateur reste constamment en relation avec ses chefs et leur transmette toutes les observations qu'il peut faire.

De cette façon, le cuirassé se trouve entièrement dans l'obscurité, à l'abri d'une investigation de l'ennemi et même en dehors de la portée de ses projectiles.

Cet inconvénient n'existe pas pour les projecteurs terrestres qui forment un matériel mobile, que l'on peut placer sur le point le plus convenable pour l'observation, et à une distance quelconque du corps d'armée ou de la colonne en marche.

Sur terre, on peut, pour une observation, avoir trois ou quatre projecteurs placés en des points différents ; en les faisant fonctionner l'un après l'autre, mais en éclairant le même but, on enlèvera à l'ennemi son point de repère certain, et l'on pourra, entre deux projections, déplacer chaque appareil, de façon à rendre les batteries ennemies incapables de régler leur tir sur un point déterminé.

Nous venons de dire que la lumière électrique a le grave défaut de révéler la présence de celui qui l'emploie ; il ne faut pas cependant exagérer l'importance de cet inconvénient. A Shœburyness, près de Londres, il a été fait une série d'expériences ayant pour but d'éteindre, au moyen du tir des grandes et petites armes à feu, les projecteurs employés par l'ennemi.

Les batteries d'artillerie n'ont pu parvenir à détruire les

foyers de lumière, probablement à cause des difficultés de pointer sur une surface aussi brillante.

On fit subir aux mêmes foyers le feu d'une série de bons tireurs, et bien que plusieurs fusiliers aient logé quelques balles dans le réflecteur, et que les balles aient dérangé les fils conducteurs, ils ne purent parvenir à obtenir l'extinction de la lumière électrique ; elle continua à briller malgré l'adresse des tireurs, qui, éblouis par l'éclat du foyer, ne pouvaient viser d'une façon suffisamment précise.

La lumière électrique est non seulement utile à celui qui l'emploie, mais elle incommode ceux qui se trouvent dans le faisceau lumineux, s'il est suffisamment intense, car son éclat est une gêne qui est encore augmentée si l'on interrompt la lumière à intervalles réguliers et rapprochés. Ces alternances de la lumière éblouissante et d'obscurité profonde sur une colonne de troupes rendent la marche en avant plus pénible, plus difficile, car l'œil ne peut passer brusquement de la lumière à l'obscurité sans une fatigue, une déformation qui lui permettent de s'habituer à chaque intensité lumineuse ; pour la cavalerie surtout il en résulte une hésitation dans la marche qui est encore augmentée par la précision acquise par le tir de l'ennemi.

Si le projecteur, intelligemment employé, est un auxiliaire précieux en campagne, lorsque les armées en présence possèdent chacune des appareils analogues, ce qui aurait lieu dans une guerre européenne, il est presque indispensable dans les expéditions coloniales, où il faut compter avec l'esprit superstitieux de l'ennemi.

Dans la dernière campagne de Tunisie, nos officiers eurent l'occasion d'employer la lumière électrique avec succès. L'amiral Garnault employa plusieurs fois les projecteurs de son escadre pour opérer des débarquements et observer les mouvements de l'ennemi, notamment devant Sfax, Gabès, Monastir et Sousse.

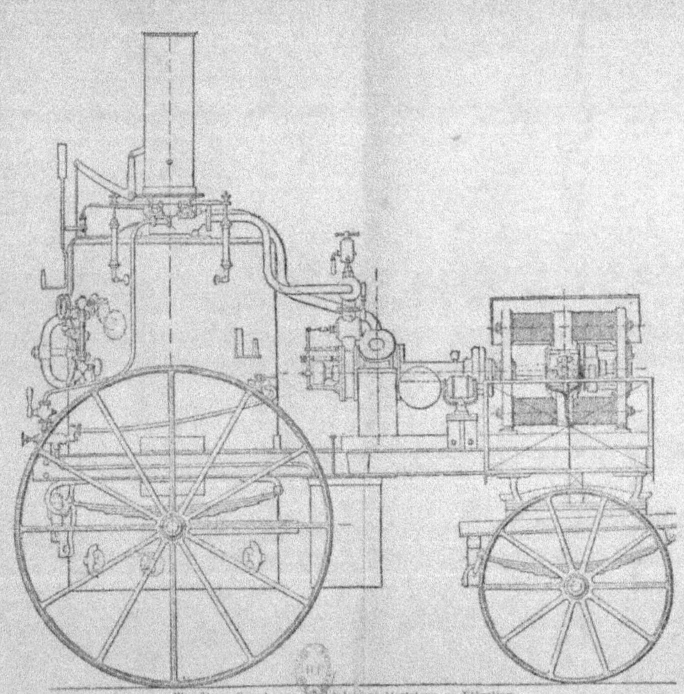

Fig. 31. — Grand appareil d'éclairage électrique. — Élévation.

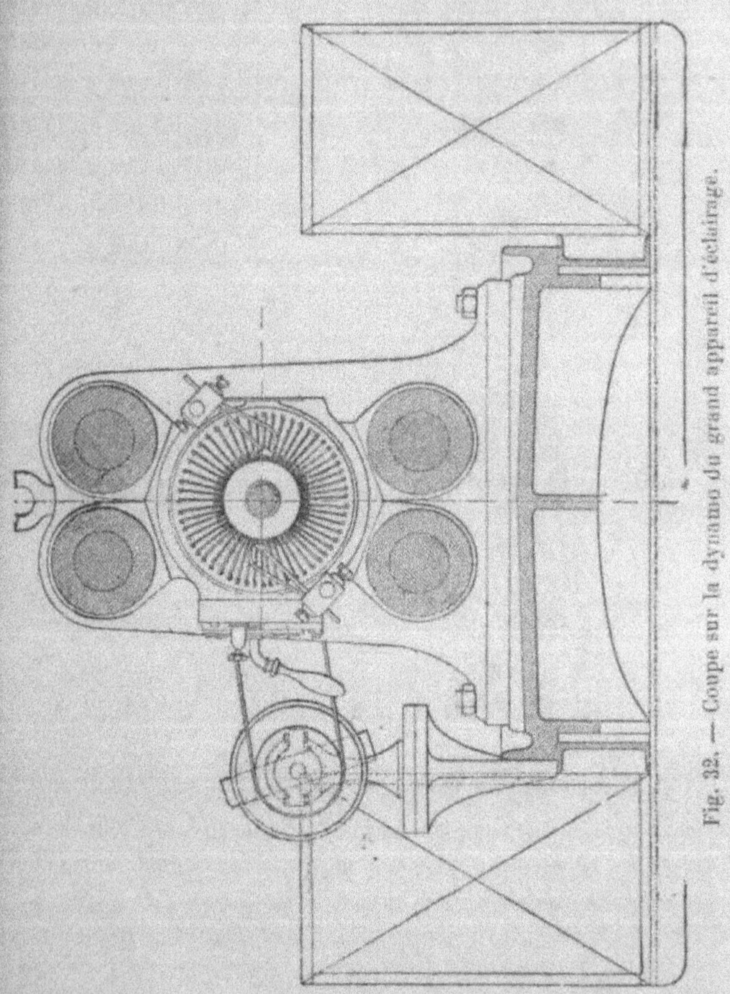

Fig. 32. — Coupe sur la dynamo du grand appareil d'éclairage.

Pendant la dernière guerre du Soudan, l'attaque de Souakim fut arrêtée par de simples projecteurs. L'ennemi s'avançait en bon ordre d'attaque, lorsque, pour reconnaître ses positions et assurer le tir des pièces du fort, on se servit des appareils de projection ordinaires. A la vue de cette

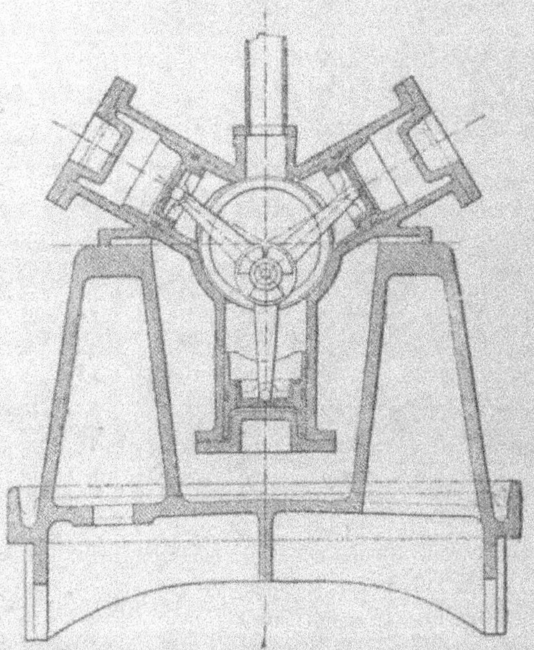

Fig. 33. — Coupe sur le moteur du grand appareil d'éclairage.

lueur éblouissante et miraculeuse, les assaillants s'arrêtèrent terrifiés ; la panique succéda à ce premier mouvement de stupeur, et ils s'enfuirent dans le plus complet désordre.

L'armée anglaise l'employa devant Alexandrie pour examiner les travaux de défense élevés pendant la nuit par Arabi.

Plusieurs forts d'Égypte sont munis de projecteurs, dont la plupart sont installés par la maison Allen Alderson et Cie,

notamment ceux de Ramleh, près Alexandrie, et du Mex.
Dans ces derniers, le courant est fourni par des machines
portatives Ruston, Proctor et Cⁱᵉ.

Fig. 34. — Vue d'ensemble du grand appareil d'éclairage.

Les applications de la lumière électrique à la guerre sont
très nombreuses, et varient avec les circonstances multiples
d'une campagne. On ne doit pas oublier que l'usage de la
lumière électrique révèle à l'ennemi la présence de celui
qui l'emploie ; il faut donc que la mise en fonction des projecteurs soit motivée, et que les avantages que l'on retirera
de l'observation de l'ennemi, soient plus grands que l'inconvénient qui résulte de la simple révélation de sa propre
position.

*Dans une place assiégée.* — Les cas spéciaux dans
lesquels le terrain extérieur d'une place assiégée peut devoir

être éclairé sont, d'après le capitaine commandant Flamache :

1° Pour s'assurer que l'ennemi ne construit pas d'ouvrages en avant du terrain occupé ;

2° Pour signaler l'approche d'une troupe en cas d'une tentative d'attaque de vive force ;

3° Pour s'assurer de la régularité du tir de nuit ;

4° Pour éclairer les travailleurs dans les travaux de nuit, tels que contre-batteries, défenses extérieures.

Dans ces diverses circonstances il faut employer des foyers intenses avec réflecteurs puissants.

L'électricité présente sur tous les autres systèmes d'éclairage employés, l'instantanéité de sa mise en fonction (lorsque tous les préparatifs sont faits à l'avance). Pendant un siège, il est bien évident que l'on ne peut éclairer constamment les remparts sous prétexte que l'ennemi peut, à un moment quelconque, tenter une attaque par surprise ou de vive force. Dans le cas d'une tentative d'assaut, combien de temps faudrait-il, avec les moyens ordinaires, pour allumer tous ces foyers et les torches ? On ne peut évidemment le dire, mais ce serait extrêmement long. Si au contraire la chaudière est sous pression, ce qu'il est facile de réaliser, il suffira d'un laps de temps relativement très court pour obtenir un brillant éclairage. L'instantanéité pourra être absolue si l'on dispose d'une batterie d'accumulateurs toujours en charge.

Dans les installations fixes qui ont la puissance maximum, on emploie une locomobile, avec une machine Gramme D Q tournant à 450 tours et alimentant un régulateur qui donne 4 000 carcels pour une force dépensée de 12 chevaux ; l'ensemble pèse 5 000 kilogr.

Le projecteur, pesant 1 500 kilogr., a 90 centimètres de diamètre ; il est fixé sur un chariot à quatre roues que l'on

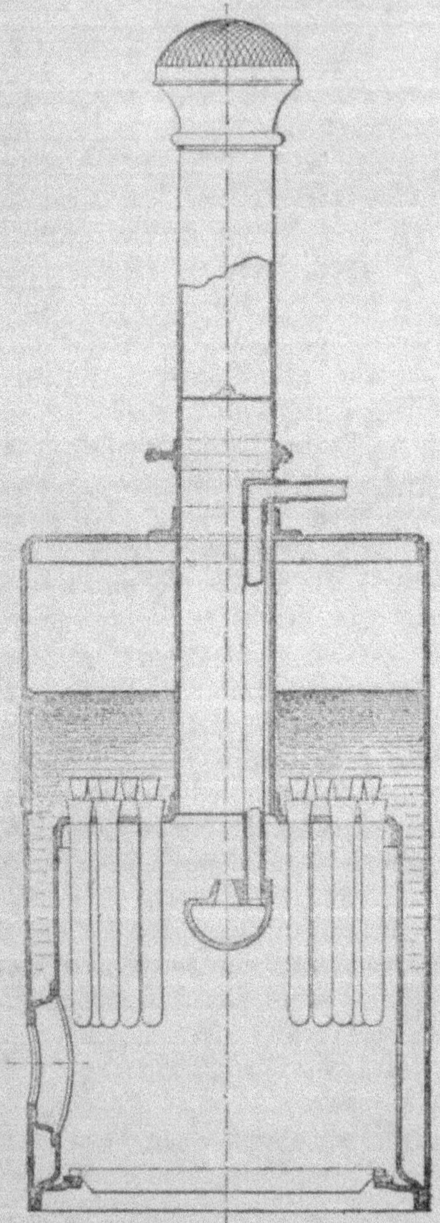

Fig. 35. — Grand appareil d'éclairage électrique.
Coupe sur la chaudière.

peut déplacer à volonté indépendamment du générateur électrique.

La machine génératrice doit être parfaitement abritée et en dehors des atteintes de l'ennemi, ce qui permettra de donner brusquement aux défenseurs une clarté et des commodités qui manquent complètement aux assaillants.

Dans ce cas, les conditions de l'installation sont celles d'un éclairage ordinaire avec des machines fixes; mais il faut que tous les foyers soient montés en dérivation, afin que la destruction de l'un d'eux par les projectiles ennemis n'entraîne pas l'extinction totale; les câbles principaux seront à l'abri; et l'emploi de deux câbles éloignés l'un de l'autre, tant pour l'aller que pour le retour, est une bonne précaution qui augmente les chances de bon fonctionnement.

*Pour un corps d'armée en campagne.* — Il est de première nécessité d'avoir des appareils à la fois légers, robustes, facilement maniables. C'est aux constructeurs français MM. Sautter et Lemonnier que l'on doit les appareils réellement pratiques mis à la disposition de nos armées et qui ont été imités par toutes les autres nations.

Les appareils sont tous composés, quelles que soient leurs dimensions, d'organes analogues qui sont : une chaudière Field, une machine Brotherhood, commandant directement une dynamo Gramme, et un projecteur Mangin.

Pour faire campagne, il serait trop difficile de traîner un matériel de l'importance de celui que l'on emploie dans les places et que nous venons de décrire; aussi a-t-on créé un ensemble mobile appelé *appareil secondaire* dans lequel tous les organes sont placés sur le même chariot. La machine Gramme du type A G tourne à 900 tours et développe 600 carcels, mais elle ne demande qu'une force motrice de 3 chevaux, fournie par une chaudière Field et une machine Brotherhood qui commande directement la dynamo. Le

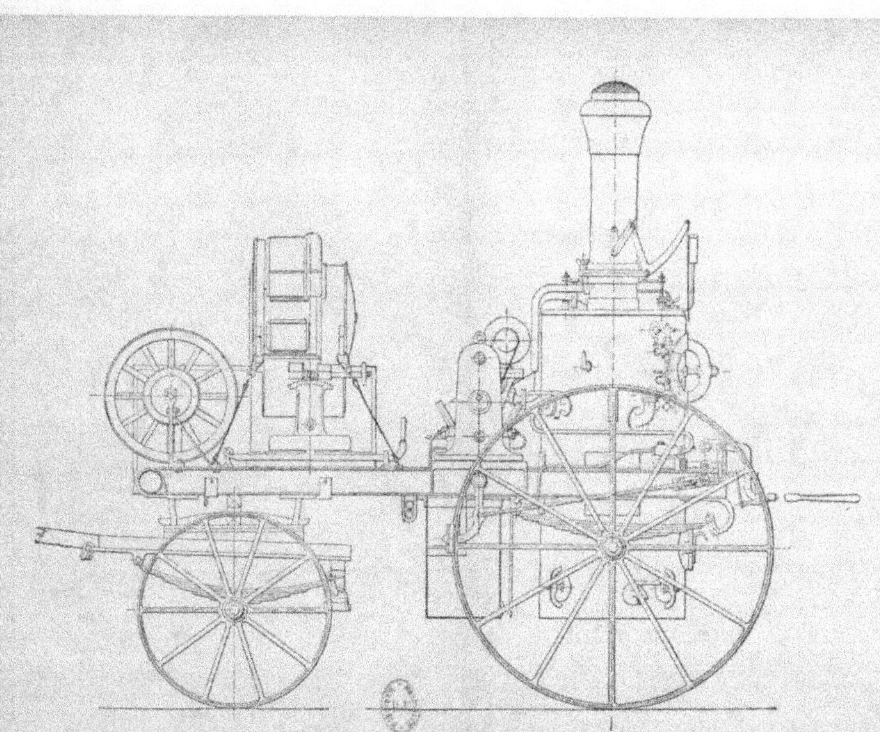

Fig. 36. — Appareil secondaire appliqué dans l'armée française. — Élévation.

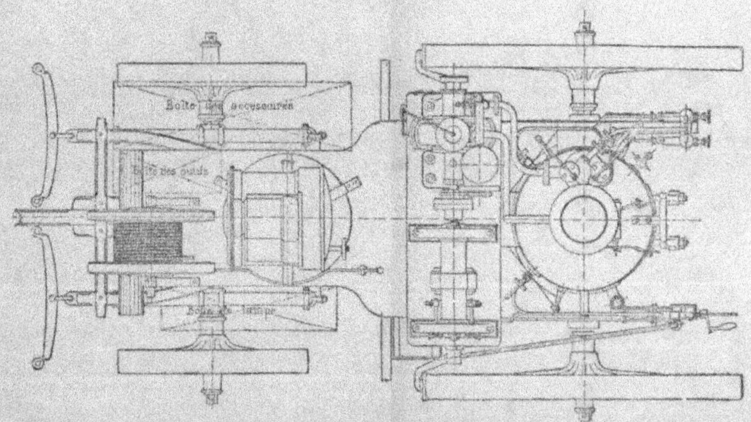


Fig. 57. — Appareil secondaire. — Vue en plan.

même chariot (fig. 36 et 37) porte le projecteur, une bobine de câble double de 50 mètres pour relier le projecteur à la machine électrique et les accessoires indispensables au

Fig. 38. — Vue latérale d'un projecteur de 0ᵐ60, monté sur chariot. Echelle : ¹/₁₀.

fonctionnement du système tels que : injecteur, pompe à main, tachymètre, caisse d'outils, bâche à eau, etc.

Dans ces conditions, la dynamo fournit un courant de
24 ampères et de 45 volts. Le projecteur a seulement 40 centimètres de diamètre et porte au maximum à 3 kilomètres.

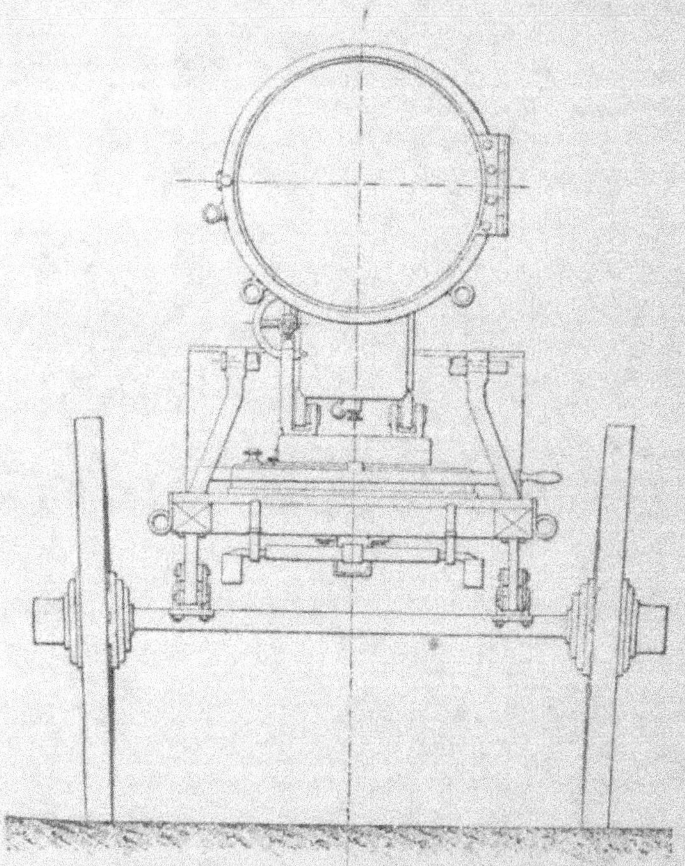

Fig. 39. — Projecteur de 0ᵐ 60. Echelle : ¹/₂₀.

Tout cet ensemble, qui ne pèse que 2 000 kilogr., est très
maniable et suffit dans une campagne où il est possible
d'envoyer les éclaireurs à une grande distance du foyer dans

la direction de l'ennemi. Le projecteur, au lieu d'être monté sur un chariot, peut être porté à bras, installé sur un pied spécial en treillis (fig. 39). Ce même modèle est employé pour les éclairage secondaires ; on en place également dans les petits forts pour observer les mouvements d'un corps d'armée qui chercherait à passer la frontière et, par suite, entraver sa marche envahissante.

C'est ce modèle que l'on emploie pour la télégraphie, en projetant le jet lumineux sur les nuages vus par les deux postes qui correspondent optiquement,

Entre les deux types que nous venons d'examiner, qui répondent aux besoins les plus différents, existe un système mixte appelé demi-fixe ou grand appareil (fig. 31 et 34).

La machine électrique est une Gramme du type C Q (fig. 32), tournant à 1 100 tours et produisant 2 500 carcels.

Cette dynamo et son moteur, qui est également une machine Brotherhood (fig. 33), sont portés sur un même chariot ainsi que la chaudière Field (fig. 35) et tous les accessoires que nous avons énumérés pour le type précédent.

L'appareil comprend en outre deux projecteurs Mangin, l'un de $0^m,75$ de diamètre, et l'autre de $0^m,60$, montés séparément sur un chariot à bras à, deux roues (fig. 38 et 39), qui porte la bobine de câble double d'environ 100 mètres et le support en treillis du projecteur.

Un quatrième chariot a été ajouté plus récemment (1885) pour compléter ce matériel et lui permettre de fonctionner trois heures consécutives en pleine marche. Il porte l'eau d'alimentation (environ un mètre cube), et 600 kilogr. de charbon.

A la vitesse de 1 100 tours, la dynamo de cet appareil fournit un courant de 45 volts et de 90 ampères.

Pour employer ces appareils sur le terrain, lorsque la chaudière est en pression et le moteur à vapeur prêt à fonctionner, on dispose le projecteur (sur son socle en treillis par exemple) à l'endroit que l'on a choisi comme le plus favorable pour éclairer le terrain que l'on doit observer, on y introduit la lampe munie de charbons de $0^m02$ de diamètre pour le grand appareil, et de $0^m015$ pour l'appareil secondaire, et l'on établit la communication avec la dynamo en déroulant le câble sur le sol. Lorsque tout est prêt pour le fonctionnement, on met le moteur en route et l'on rapproche à la main les crayons du régulateur, puis l'on forme l'arc en les écartant de $0^m004$ à $0^m005$. Lorsque la lumière se produit régulièrement, on place le point lumineux au foyer du miroir, à l'aide de vis de réglage, et l'on reconnaît que l'on est au point lorsque le parallélisme du faisceau est obtenu.

Si l'on veut explorer une surface de terrain importante, on étale le faisceau en rapprochant le point lumineux de la surface du miroir pour les grands projecteurs, soit en se servant des disperseurs à lentilles cylindriques verticales, pour les projecteurs de $0^m40$. Ces derniers seuls, vu la faiblesse de leur champ lumineux, sont munis d'un disperseur que l'on substitue à la porte avec glace plane qui ferme la face antérieure du projecteur.

Comme il est nécessaire qu'un observateur soit constamment près du projecteur, pour diriger le faisceau lumineux sur le point convenable, on préfère employer une lampe non automatique (fig. 30). Les deux charbons sont fixés sur des écrous, qui se déplacent le long d'une tige portant deux pas de vis de sens contraire, et à laquelle on imprime un mouvement de rotation à l'aide d'un petit volant placé à la partie inférieure du projecteur.

Ce dispositif a le grand avantage d'être simple, rustique, de ne pas se déranger, de supporter facilement le transport et de pouvoir être mis en fonctionnement sans grandes connaissances techniques spéciales, et, sur les navires, d'être insensible aux mouvements de roulis et de tangage. La présence continue d'un opérateur qui supplée aux mécanismes d'un régulateur automatique ordinaire n'est pas une gêne dans ce cas particulier, puisque la présence de de cet homme est nécessaire pour la manœuvre du projecteur proprement dit.

Si un champignon vient à se former sur l'un des charbons et diminue l'éclat de l'arc, on le fait tomber très facilement en pressant les charbons l'un contre l'autre pendant un temps très court.

Pour utiliser la plus grande somme de lumière produite par l'arc voltaïque, on incline le régulateur, ainsi que le montre la figure 30, de façon que le cône qui termine le charbon positif et fournit les deux tiers environ de la lumière totale, soit tourné vers le miroir, et placé exactement en son foyer.

Comme le charbon positif s'use deux fois plus vite que le négatif, le pas de la vis supérieure de la tige du régulateur a une longueur double de celui de la vis inférieure, afin que, la lampe une fois mise au point, il n'y ait plus à se préoccuper que du réglage de l'écart des charbons.

Dans les appareils les plus récents, on emploie des dynamos compound, dont il est inutile de rappeler ici les avantages.

Pour observer commodément le terrain sur lequel on a projeté le faisceau lumineux, il est absolument indispensable que les observateurs s'écartent du projecteur, de façon à ne pas être gênés par la gerbe lumineuse, qui forme comme un écran nuisible à l'observation.

Cette distance d'écart est absolument variable avec les conditions topographiques, et ne peut être soumise à des règles bien précises ; mais les circonstances les plus favorables sont celles qui permettent à l'observateur de se placer entre le foyer et le but à examiner, car elles augmentent la distance d'observation. Il suffit pour saisir l'importance de ce fait, de se reporter aux considérations que nous avons examinées en étudiant l'influence de la coloration des objets sur leur visibilité à distance. L'œil de l'observateur perçoit en effet la lumière réfléchie par les objets qu'il regarde ; si l'on considère que la longueur du rayon incident est fixe, le foyer étant à une distance déterminée du terrain observé, le rayon réfléchi aura la même longueur que le rayon incident, si l'on reste près du projecteur. Si l'on se rapproche à moitié chemin, par exemple, entre le projecteur et le but, le rayon réfléchi a une longueur moitié plus petite, et par suite, en ce point (en vertu de la loi du carré des distances), une intensité quatre fois plus grande.

Avec un grand appareil, en se plaçant à 1 500 mètres en avant, on peut, lorsqu'il n'y a pas de brouillard, distinguer, à l'aide de bonnes jumelles, des hommes isolés placés à 3 kilomètres du projecteur ; à 5 kilomètres on distingue les maisons, les voitures, les mouvements de troupe ; à 8 kilomètres on aperçoit les grands monuments : ainsi, du Mont-Valérien on a pu apercevoir nettement, la nuit, les détails des tours du Trocadéro.

Si on se maintient près de l'appareil, il est absolument impossible de distinguer à cette distance, on n'aperçoit les hommes isolés qu'à 2 000 mètres environ, et encore faut-il s'écarter latéralement du faisceau lumineux, de 300 ou 400 mètres.

En se plaçant à 600 mètres en avant de l'appareil secondaire, on distingue des hommes à 1 200 mètres du projecteur.

Les appareils perfectionnés dont dispose notre armée doivent, ainsi que l'on peut en juger par les quelques chiffres que nous venons de signaler, rendre des services importants dans une campagne, et les rares applications effectives que l'on a pu en faire en Tunisie et dans les colonies, prouvent que la lumière électrique est un auxiliaire puissant entre les mains d'un chef de corps d'armée, lorsqu'il l'emploie avec discernement et en prenant toutes les précautions que comporte son emploi.

PASSAGES DE RIVIÈRES. — ÉCLAIRAGE DES TRAVAUX DE MINES. — Le passage d'un fleuve large et profond est un des travaux les plus délicats et les plus difficiles en campagne, soit que cette opération aide une marche en avant ou une retraite. Pour lancer un pont, surtout rapidement, il ne faut négliger aucune précaution pour son exécution matérielle, qui doit être tenue secrète, et préparer le passage par ruse, afin d'empêcher la concentration de l'ennemi sur ce point. On l'exécute donc toujours en dehors de la portée de l'ennemi. Si le pont doit être jeté pendant la nuit, pour permettre le passage des troupes au lever du jour, qui est le moment le plus favorable, la lumière électrique aidera beaucoup à son exécution rapide, et surtout à sa bonne construction, qui pourra être plus facilement surveillée. Mais il ne faut pas employer des projecteurs puissants, qui permettraient à l'ennemi d'observer les travaux et d'entraver l'opération s'il pouvait les apercevoir d'une quelconque de ses positions.

A Schœneberg (Allemagne), pendant de grandes manœuvres exécutées en 1882, des pontonniers ont pu, en une nuit, jeter un pont de chemin de fer de 120 mètres. Ils ont été aidés dans cette opération par un éclairage électrique fait au moyen de lampes entourées de globes de diverses couleurs.

A Versailles, notre génie militaire a également fait des expériences analogues.

L'éclairage électrique est également un auxiliaire utile pour le percement des galeries de mines. Des expériences faites au Génie de Versailles, chaque homme étant muni de deux lampes à incandescence, ont donné d'excellents résultats; ces lampes n'ont pas été influencées par les plus violents coups de mine, ce qui est un avantage sérieux.

ÉCLAIRAGE DES GARES POUR L'EMBARQUEMENT DES TROUPES. — La lumière électrique peut, dans cette opération importante au début d'une campagne, rendre des services d'autant plus considérables que la mobilisation n'est plus, comme il y a quelques années, une question de jours, mais bien une question d'heures. La première armée prête devant avoir l'avantage, au moins au début de la campagne, il faut utiliser tous les moyens possibles pour gagner ne fût-ce que quelques minutes dans les mouvements de concentration et de transport des troupes de toutes armes.

Lorsque l'embarquement s'effectue pendant le jour, on se trouve dans les meilleures conditions possibles; mais si les circonstances exigent que cette opération se fasse de nuit, l'éclairage plus qu'insuffisant des quais et des gares de chemins de fer d'une part, l'incertitude provenant de la précipitation et du désordre résultant de l'obscurité, d'autre part, augmenteront considérablement la durée de cette importante manœuvre.

L'éclairage électrique de nos gares stratégiques paraît, jusqu'à ce jour, avoir été regardé comme un luxe presque inutile, malgré ses avantages; à l'étranger, notamment en Allemagne, en Alsace-Lorraine, en Autriche et en Belgique, cette question est plus avancée qu'en France. Des essais spéciaux en vue d'une mobilisation rapide ont été faits en Bohême, à la gare ouest de Pilsen, où l'éclairage est produit par seize lampes à arc, et à Rokycan, où il y a douze lampes à arc. Dans ces deux gares, on a pu embarquer 16,000 hommes pendant une nuit, en se reposant de minuit à trois heures du matin. Dans le même temps, on embarquait 12,000 hommes à la gare de l'État de Pilsen.

On ne saurait nier que l'éclairage électrique n'ait eu une

bonne part de succès de ces expériences, car, mieux que tout autre mode d'éclairage, il permet de suppléer à la lumière du jour et de conserver le calme et le bon ordre, qui sont les conditions essentielles au succès d'un embarquement rapide, surtout pour la cavalerie et l'artillerie.

Les avantages de la lumière électrique s'appliquent également à l'embarquement et au débarquement maritimes des troupes. Des essais très satisfaisants ont été faits à bord du transport de guerre anglais l'*Himalaya*, éclairé à l'aide de lampes Swan de 50 bougies, disposées sur le pont et dans les agrès. Cet éclairage, quoique peu intense, mais uniforme, permettait de conduire et de surveiller l'opération, qui s'est terminée dans l'ordre le plus complet.

Sans vouloir, comme M. Schwennhagen, monopoliser l'électricité par l'État (Allemagne), il nous semble qu'en présence de ces résultats le Gouvernement français, qui assure aux Compagnies de chemins de fer un intérêt de garantie, pourrait facilement s'entendre avec elles pour établir dans les gares des principales villes de garnison, ou dans les stations stratégiques, un éclairage électrique ou autre en attente, mais suffisamment puissant, et toujours prêt à fonctionner. Chaque année, au moment des manœuvres, ou plus souvent si la chose était reconnue nécessaire, les appareils seraient mis en fonction pour être prêts à fonctionner d'une façon certaine à l'heure de la mobilisation.

Signaux de nuit dans la marine de guerre. — Les signaux de nuit dans la marine de guerre sont de deux sortes : les uns sont destinés à assurer la sécurité de la marche du navire et à indiquer sa présence aux vaisseaux qui suivent la même route ; les autres forment un système de télégraphie optique qui permet aux vaisseaux d'une escadre de communiquer et de transmettre les ordres pendant la nuit.

Les premiers étant d'ordre général, et applicables aussi bien à la marine marchande qu'aux paquebots et aux cuirassés, nous n'étudierons que le deuxième genre de signaux, qui, avec les projecteurs, sont les principales applications de l'éclairage électrique à la mer.

Les signaux optiques de la marine de guerre varient dans les différentes puissances maritimes. Presque toujours on utilise la télégraphie optique par brèves et par longues. On réalise très simplement cet éclairage intermittent de la façon suivante : à la partie supérieure d'une vergue, on allume un foyer puissant, ce fanal est pourvu d'un écran mobile que l'on manœuvre à distance au moyen d'une corde. La lumière est donc visible d'une façon aussi variée qu'on le désire.

Ce procédé, très primitif, présente plusieurs inconvénients : les signaux produits ne sont pas permanents ; il n'y a aucun contrôle, et de plus, le signal peut être mal interprété, soit par des erreurs de vue ou d'interprétation de la personne qui reçoit le signal.

En France, ce système n'est pas employé ; le foyer unique est remplacé par dix fanaux que l'on hisse parallèlement à la mâture, le long d'une vergue. Ils sont divisés en deux groupes de 5, séparés par un certain intervalle. Il est donc facile, en combinant le nombre de foyers allumés dans le groupe supérieur, avec le nombre du groupe inférieur, de faire une série de signaux permanents comme on le fait avec les pavillons, en plein jour. On a l'avantage de lire rapidement ce signal, qu'on peut laisser subsister le temps que l'on veut, pour éviter toute erreur de transmission. Bien que beaucoup meilleur, ce système n'est pas à l'abri de reproches : un ou plusieurs fanaux peuvent s'éteindre et altérer le signal. Ce fait, qui se présente fréquemment, ne peut être réparé qu'en descendant le fanal éteint, qu'il faut ensuite remettre en place.

C'est une perte de temps de laquelle il peut résulter des inconvénients, si l'ordre transmis doit être exécuté de suite.

L'électricité est venue lever toutes ces difficultés et donner une solution complète du problème ; elle permet de manœuvrer rapidement, sûrement même devant l'ennemi. Ces avantages, réunis dans le système proposé par M. de Méritens, l'ont fait adopter dans notre marine nationale. Il consiste à remplacer les bougies stéariques des anciens fanaux par de petites lampes à incandescence qui reçoivent le courant d'une machine magnéto-électrique, mue à bras d'homme.

Les premiers essais ont eu lieu en 1882, à bord du cuirassé *le Marengo* ; dès 1883, une deuxième installation fut demandée pour le *Trident*, et les appareils du *Marengo* passèrent à bord du vaisseau amiral *le Richelieu*, pour y être installés en service courant. Les essais durèrent vingt mois, ce qui permit à nos officiers de se faire une opinion sur la juste valeur de cette disposition nouvelle. Le vice-amiral Jaurès, commandant en chef l'escadre de la Méditerranée, président de la Commission d'études, rédigea un rapport concluant à l'adoption des signaux électriques sur tous les navires de la flotte.

Cette décision est pleinement justifiée, comme on va le voir par la façon dont le problème a été résolu.

Il fallait avoir à sa disposition un générateur permettant le groupement de ses différentes parties en quantité ou en tension, car si l'on désire faire un signal avec les dix lampes montées en dérivation, il faut un courant intense ; si l'on veut employer un seul foyer plus puissant pour télégraphier par brèves et par longues, il est préférable de grouper les courants en tension. Il est bon de se réserver ce deuxième procédé de communication, car on ne dispose jamais de trop de moyens d'action surtout devant l'ennemi.

Il ne fallait pas songer à actionner le générateur électrique par une machine à vapeur, car en rade, lorsque les chaudières ne sont pas sous pression, il n'eût plus été possible de transmettre des signaux. On a supprimé cet inconvé-

Fig. 40. — Machine de Mériteus pour signaux de nuit.

nient, en commandant la machine électrique par un système de roues dentées à dents hélicoïdales, mises en mouvemement à bras, à l'aide de deux manivelles (fig. 40).

Dans ces conditions, il suffit de quatre hommes pour imprimer à l'anneau induit une vitesse de 600 tours par

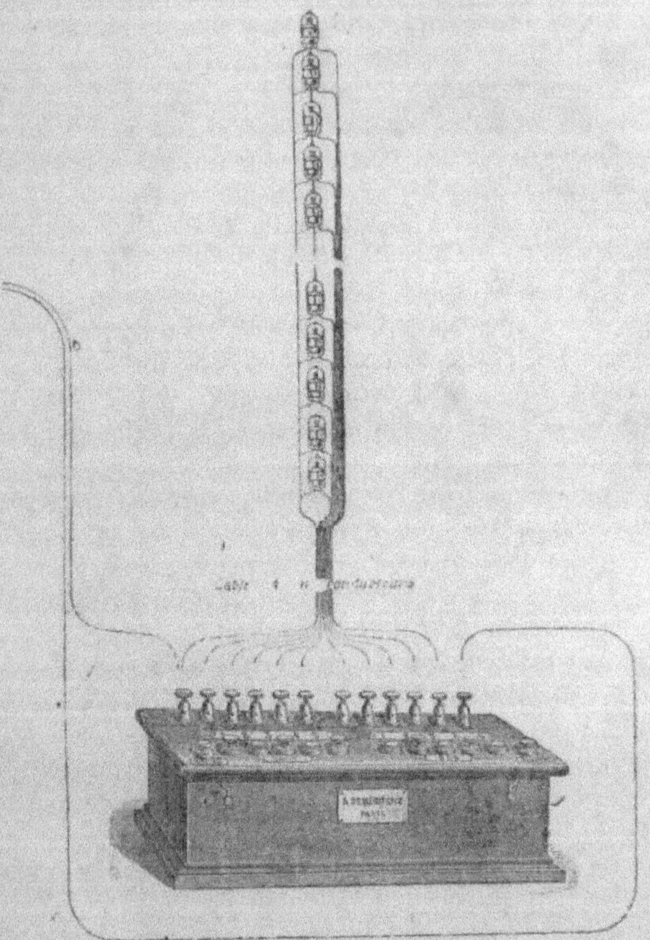


Fig. 41. — Commutateur à touches et schéma des circuits
des lampes du grand mât.

minute, en faisant faire seulement 50 tours aux manivelles.
Le courant produit est envoyé par un double câble à une

boîte de manipulation appelée *commutateur à touches* qui permet d'allumer et d'éteindre instantanément les lampes préalablement disposées pour le signal ; on peut ainsi réaliser toutes les combinaisons.

Ce manipulateur porte douze bornes (fig. 41) : celle de droite reçoit l'arrivée du courant, et la dernière à gauche, le câble de retour des lampes et le retour à la machine ; les dix bornes intermédiaires amènent séparément le courant à chaque lampe à incandescence. Ces lampes sont placées dans les fanaux à la place des bougies stéariques.

En face de chaque borne se trouve un bouton mobile ; les deux extrêmes servent, celui de droite à l'allumage, celui de gauche à l'extinction du signal. Les boutons du centre sont divisés en deux groupes de cinq ; celui de droite correspond aux cinq lampes inférieures, et l'autre aux lampes supérieures.

En appuyant sur l'un de ces boutons, on fait un contact permanent et le courant passe à la lampe correspondante. Au moment de l'allumage, on peut les disposer à volonté dans chaque groupe, c'est-à-dire préparer le signal. Si l'on appuie sur le dernier bouton de droite au-dessous duquel est écrit le mot ALLUMÉ, les lampes choisies sont aussitôt portées à l'incandescence. Les lampes éteintes sont remplacées par une résistance sensiblement égale à leur résistance propre, afin de ne pas troubler le régime de la machine électrique, et mettre celles qui sont en fonction à l'abri de tout accident par excès d'intensité.

Le signal ayant été fait et vu, il suffit pour le faire disparaître d'appuyer sur le bouton de gauche, au-dessous duquel est écrit le mot ÉTEINT ; on coupe le courant, l'extinction se produit et tout est prêt pour un nouveau signal.

Il y a là une différence notable sur l'ancien procédé, différence qui est entièrement à l'avantage de l'électricité ; on ne craint plus les extinctions que par la rupture du fila-

ment de la lampe à incandescence; mais le remplacement
est plus facile que l'allumage des bougies. On a de plus
l'avantage d'un entretien minime.

Si l'on veut faire des signaux par brèves et par longues,
il n'est plus nécessaire d'employer l'écran mobile; il suffit
d'un simple commutateur qui, suivant le temps qu'on le
laisse sur le plot de contact, transmet des signaux d'une

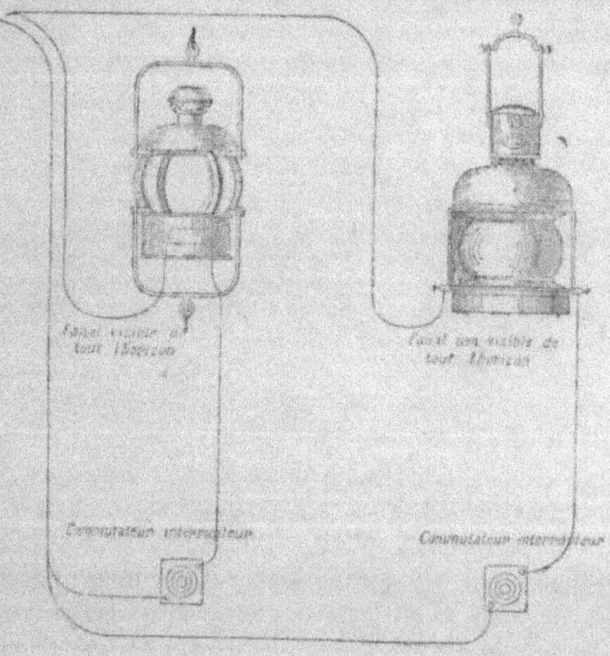


Fig. 42. — Fanaux genre colomb, pour signaux de nuit.

durée variable. On a donné au commutateur la forme des
boutons ordinaires des sonneries ; sa manœuvre est donc
très commode et très sûre.

Suivant les circonstances, on emploie deux sortes de fanaux (fig. 42) : l'un, entièrement libre, laisse voir le signal
de tout l'horizon, tandis que l'autre porte un écran qui ne

laisse percevoir le signal que par un observateur placé dans une direction déterminée. Chacun d'eux a un commutateur spécial, qui permet d'allumer l'un ou l'autre à volonté.

La machine de Méritens (fig. 40) est un type réduit de la machine magnéto à courants alternatifs pour l'éclairage des phares ; son induit a été disposé de façon à permettre les groupements dont nous avons indiqué la nécessité. Ce

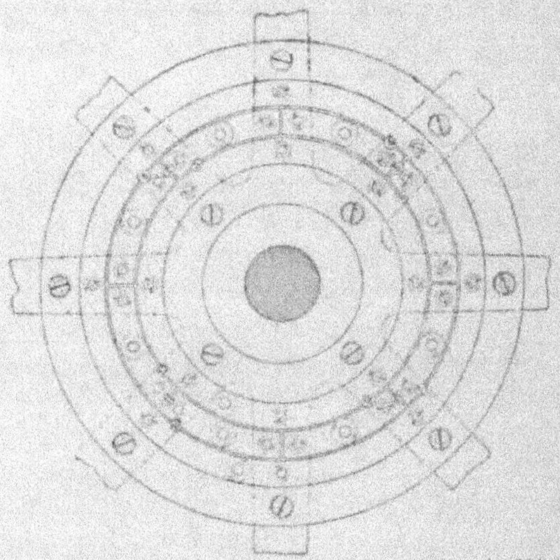

Fig. 43. — Plateau permutateur de la machine de Méritens.

résultat est obtenu à l'aide d'un plateau permutateur (fig. 43), qui fait partie de l'induit ; en plaçant des chevilles en cuivre dans les trous 1, 3, 4, 6, 7, 9, 10, 12, toutes les sections sont groupées en quantité et la machine est prête à allumer les dix lampes. A la vitesse normale de 50 tours par minute aux manivelles, elle fournit un courant de 10 à 12 ampères et de 22 à 25 volts.

Pour les signaux par brèves et longues, la machine est groupée demi en tension, demi en quantité, par les bouchons à vis que l'on place dans les trous 1, 3, 5, 7, 9, 11.

Le courant est à la vitesse réglementaire de 2,5 à 3 ampères et de 45 à 50 volts.

L'ensemble de cette installation a été fait de la façon suivante sur le *Colbert*.

La dynamo est placée dans le faux pont d'arrière, et les conducteurs amènent le courant à un commutateur placé dans le kiosque de la passerelle d'arrière, qui permet de l'envoyer, suivant les besoins du service, dans trois directions différentes. L'une d'elles aboutit à la boîte de manipulation, ou commutateur à touches (fig. 41), pour la combinaison des signaux, à l'aide des dix fanaux placés, cinq dans la tête du grand mât, où ils sont suspendus par la corde qui a servi à les monter dans cette position ; les cinq autres sont situés au-dessous de la vergue de hune.

La deuxième touche du commutateur permet d'envoyer le courant dans le fanal visible de tous les points de l'horizon (fig. 42), suspendu à la corne de brigantine. C'est un signal de position destiné simplement à indiquer la présence du navire et a éviter les abordages. Il contient un régulateur à arc Berjot, qui peut être remplacé par un autre système de foyer à arc susceptible d'être alimenté par des courants alternatifs.

La troisième direction du commutateur commande un fanal genre Colomb visible d'un quart d'horizon, employé à la télégraphie optique par brèves et par longues. A cet effet, ce fanal est muni d'un écran qui, manœuvré à l'aide d'une corde, permet d'obtenir des signaux genre Morse, comme on le fait avec les fanaux ordinaires. La lumière peut y être produite par une lampe à incandescence, une bougie Jablochkoff, ou tout autre régulateur à arc.

Ces trois genres de signaux ne devant jamais fonctionner simultanément, la source du courant est juste suffisante pour alimenter l'un d'eux.

Les Anglais ont également fait des essais de signaux en

employant des lampes Edison ; ils ont eu lieu dans le port de Portsmouth, à bord du vaisseau de guerre *le Crocodile*. On a comparé la puissance de pénétration de lampes de 50 bougies placées sur le côté des navires, à celle de lampes à huile.

Les observateurs se sont éloignés à environ un mille dans un petit bateau à vapeur. A cette distance la lumière électrique était beaucoup plus visible que la lampe à huile. A un signal convenu, on remplaça les lampes de 50 bougies par le type normal de 16 bougies ; dans les mêmes conditions, ces dernières paraissaient deux fois plus brillantes que la lampe à huile. Un léger brouillard étant survenu, les expérimentateurs se sont encore éloignés d'environ un mille ; à cette distance, la lumière à huile était complètement invisible et l'on distinguait nettement la lampe à incandescence.

Ces résultats sont entièrement en faveur de la lumière à incandescence, dont les applications ne tarderont pas à se multiplier dans la marine de guerre de toutes les nations.

RECONNAISSANCES ET SIGNAUX AÉROSTATIQUES. — En Allemagne, où l'on s'est occupé de cette question, des expériences ont été faites en 1884 par un détachement aéronautique militaire sous la direction du major Buchholz.

Un ballon, tel qu'on peut l'employer dans ce cas, étant incapable d'élever dans les airs le générateur électrique nécessaire à l'obtention d'un foyer puissant, il faut relier le foyer au sol par deux câbles, et employer un ballon captif. Le 13 avril 1886 on fit, à Schœnberg, aux environs de Berlin, une série d'expériences intéressantes. Le ballon ayant été enlevé à une hauteur de 60 mètres, le régulateur placé dans la nacelle fut mis en communication avec une dynamo Siemens ; on avait la facilité de projeter les rayons dans toutes les directions et d'observer le terrain qui devenaît visible dans tous ses détails à une assez grande distance.

Ces expériences, faciles en temps de paix, le deviendraient beaucoup moins en campagne : les conditions d'installations sont plus difficiles ; de plus, le foyer lumineux et le ballon lui-même sont des points de repère pour l'armée ennemie en même temps qu'ils forment un but parfaitement visible. Pour remédier à cet inconvénient, on peut ne faire les observations que pendant un temps très court, et redescendre pour se mettre à l'abri des projectiles ennemis ou explorer par intermittences très irrégulières.

On a proposé la photographie instantanée pour fixer l'image du terrain observé ; mais ce moyen ne paraît pas appelé à rendre de grands services, car les résultats fournis ne peuvent être suffisamment nets à grande distance, c'est-à-dire là seulement où ils sont intéressants. Cependant, nous rappellerons que la photographie instantanée a permis de prendre des vues très nettes en ballon [1], mais pendant le jour et à une distance relativement faible, ce qui est complètement différent du but que l'on se propose en campagne.

Le ballon captif nous paraît plutôt destiné à rendre des services dans la télégraphie optique que dans l'éclairage proprement dit.

Par sa faculté précieuse de s'élever verticalement à une hauteur assez grande, le ballon captif permet à deux observateurs que la constitution topographique du terrain empêche de se voir lorsqu'ils sont sur le sol, de se transmettre des signaux, surtout pendant la nuit, car à ce moment l'aérostat peut s'élever sans être aperçu de l'ennemi.

---

1. *La Photographie en ballon*, par Gaston Tissandier. Gauthier-Villars, éditeur, Paris, 1886.

Nous citerons, entre autres, les remarquables clichés obtenus par M. Paul Nadar, dans deux ascensions en ballon qu'il a faites avec MM. Tissandier en 1886.

Les procédés employés pour produire les signaux sont de plusieurs sortes.

Le foyer peut être suspendu au-dessous de la nacelle ou à la portée des aéronautes, et la lumière produite par brèves et longues, à l'aide d'un commutateur, permet de combiner une série de signaux conventionnels d'après un alphabet arrêté à l'avance.

La source fournissant le courant est une dynamo restée à la surface du sol, ou une pile placée dans la nacelle. Ce der-

Fig. 44. — Défense d'un cuirassé.

nier cas implique une source lumineuse d'une faible puissance, mais visible de tous les points de l'horizon, car on ne peut maintenir l'aérostat dans une position déterminée par rapport à son axe.

M. Gabriel Mangin a proposé un système qui, avec une source lumineuse relativement faible, permet de transmettre des signaux à de grandes distances. Cet aéronaute suspend

à l'intérieur du ballon une lampe à incandescence renfer-
mée dans un vase plein d'eau, ou suffisamment isolée, par
un moyen quelconque, du gaz contenu dans l'aérostat. Si
on réunit cette lampe aux pôles d'une batterie de piles, l'allumage de la lampe illumine la masse entière du ballon, et
lui donne l'aspect d'un globe lumineux que ses dimensions

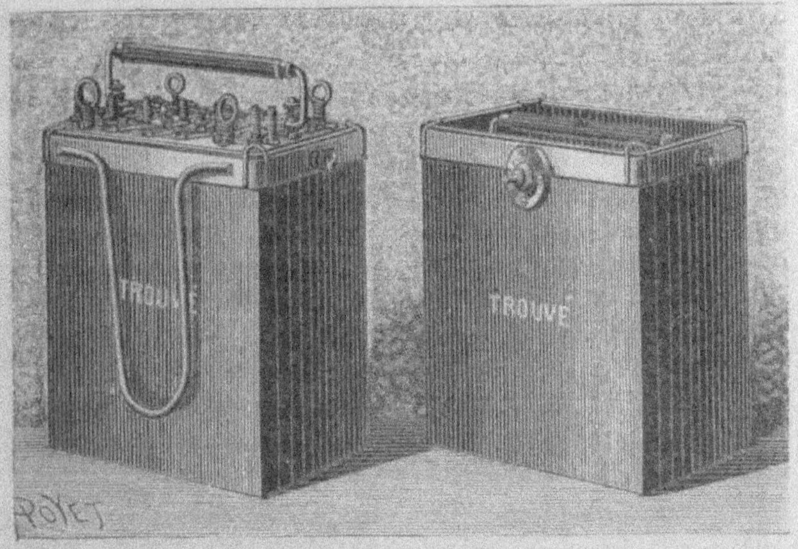


Fig. 45. — Pile alimentant la lampe du réflecteur Trouvé.

permettent d'apercevoir de très loin. Un simple commutateur permet d'obtenir des lueurs brèves ou longues et de
composer un alphabet.

Le 29 octobre 1885, une expérience de ce genre a été
faite à Paris, à l'aide d'un ballon captif gonflé d'hydrogène
pur et renfermant une lampe à incandescence.

« Un vent assez fort [1] n'a permis à l'aérostat de s'élever
qu'à 60 mètres environ, mais l'essai n'en a pas moins par-

1. *Revue internationale d'Électricité*, t. I, p. 364.

faitement réussi. Les signaux de l'alphabet télégraphique
Morse avaient été adoptés ; le courant envoyé dans la lampe
au moyen d'un manipulateur produisait, au gré de l'opérateur, des interruptions de lumière et des éclats lumineux
servant à former les signaux. Les mots et les phrases transmis ont été lus avec la plus grande facilité, non seulement
par les personnes compétentes de l'assistance, mais aussi
par des observateurs placés sur la butte Montmartre.

Fig. 46. — Application du guidon lumineux de M. Trouvé.

« L'expérience était conduite par MM. Mangin, aéronaute,
et Royer, de la maison Jablochkoff. Une lampe Swan, de
dix bougies, exigeant 40 volts et 1 ampère, était suspendue
à la soupape et occupait le centre du ballon ; elle était reliée
par deux fils en cuivre isolés, au générateur d'électricité
(pile Jablochkoff) placé dans une salle de l'usine, où se
trouvait également l'opérateur. Celui-ci ne pouvait voir la
reproduction des signaux : il était exactement dans la situa-

tion du télégraphiste, qui, assis dans son bureau, transmet un télégramme à son correspondant, éloigné de plusieurs centaines de kilomètres. »

Vu le peu d'importance du matériel employé, le résultat obtenu, quoique satisfaisant, ne pouvait être que relatif, et les organisateurs de cette expérience doivent en tenter une beaucoup plus importante en ascension libre.

On a également proposé un système analogue à celui qui est employé pour les signaux de nuit dans la marine de guerre. Il consiste à suspendre au-dessous de la nacelle une série de petits ballons dans chacun desquels est placée une lampe à incandescence ; chacune de ces lampes est allumée par un commutateur spécial, ce qui permet de composer un alphabet ou une série de signaux visibles à grande distance. Ils ont sur le ballon lumineux l'avantage de ne pas être visibles de tous les points de l'horizon, si l'on prend les précautions nécessaires, ce qui permet de produire une dépêche invisible pour l'ennemi.

Le dernier procédé que nous signalerons consiste à projeter sur un ballon le faisceau lumineux d'un projecteur puissant. La face éclairée devient suffisamment lumineuse pour être aperçue à une grande distance, l'autre reste dans l'obscurité.

Applications diverses. — Les foyers puissants ne sont pas les seuls auxiliaires à la disposition de l'armée. Les lampes portatives peuvent, par leurs qualités spéciales, rendre de très grands services, notamment dans les poudrières, où il est très dangereux de se servir de lampes ordinaires, la moindre étincelle pouvant causer les plus grands désastres.

La lumière à incandescence, produite à l'abri du contact de l'air, dans une ampoule que l'on peut protéger contre les chocs, est spécialement propre à rendre des services dans ce cas.

Le plus commode est une lampe associée au générateur

Fig. 47.
Pile hermétique
de M. Trouvé.

électrique du courant, soit une pile, soit une série d'accumulateurs ; la pile est plus légère et présente cet avantage que l'on peut la faire fonctionner sans avoir au préalable disposé d'une source d'électricité. La lampe portative Trouvé[1] remplit ce but.

Dans le cas où l'on disposerait d'une source électrique, on peut avoir des lampes contenues dans une deuxième enveloppe en verre et munies de fil souple permettant le déplacement à droite et à gauche du point d'attache.

Un autre cas dans lequel la lumière à incandescence est précieuse par sa propriété de rester à l'abri des mouvements de l'atmosphère, est l'éclairage des *tourelles cuirassées* en fonte dure, employées actuellement sur les navires de guerre, ainsi que pour l'armement des forts et la défense des côtes. Dans ces tourelles, où il n'y a qu'une ouverture aussi étroite que possible, ménagée pour le passage de la bouche de la pièce, il est nécessaire de s'éclairer ; mais le déplacement de gaz produit à chaque coup de canon, déplacement qui est d'autant plus considérable que les pièces sont de plus fort calibre, éteint souvent les lampes à huile, à pétrole, etc. Il en ré-

1. Voir *l'Électricité à l'Exposition de l'Observatoire*, p. 44.

suite des retards dans les manœuvres et des ennuis de toutes sortes. Des essais ont été tentés au fort de Villeneuve, sous la direction du capitaine Favret, pour substituer la lampe à incandescence aux systèmes employés jusqu'à ce jour. La lampe portative de Trouvé, qui a été employée, a donné d'excellents résultats.

La lumière électrique facilite beaucoup la recherche des blessés et des morts sur les champs de bataille ; la Conférence de Genève recommande aux gouvernements d'Europe d'adopter ce système d'éclairage comme devant faire partie du matériel des ambulances.

Une application d'un ordre tout différent a été faite, en septembre 1885, à l'arsenal de Woolwich : on photographia l'âme de canons de 20 centimètres en les éclairant à la lumière électrique. On fit des expériences comparatives en alimentant la lampe à incandescence par des piles ou par une dynamo. Chacun de ces procédés a donné des résultats satisfaisants.

Plus récemment, M. Trouvé a fait une heureuse application des faibles sources de lumière aux armes de guerre, en adjoignant au fusil un guidon lumineux qui permet de viser sûrement, même dans l'obscurité, et une lampe avec réflecteur analogue au photophore frontal [1] pour éclairer en même temps le but que l'on veut atteindre, pourvu qu'il ne soit pas trop éloigné ; l'inventeur a prévu l'emploi de ce dispositif pour la défense des cuirassés dans une attaque par les torpilleurs (fig. 44).

La lampe, placée au centre du réflecteur, est alimentée par une pile (fig. 45) portée à la ceinture. Dans la position indiquée par la figure de gauche, la pile est au repos, les zincs étant en dehors du liquide. Dans la figure de droite,

---

1. Voir *l'Électricité à l'Exposition de l'Observatoire*, p. 48.

les zincs plongeant dans la liqueur de bichromate, la pile est en activité.

Fig. 48. — Eclairage sous-marin par la lampe portative Trouvé.

Le guidon électrique est formé par un petit fil de platine, rendu lumineux à l'aide du courant fourni par une pile adaptée sur le canon (fig. 47). La réalisation très simple de cette idée a surtout l'avantage d'être automatique : le guidon est lumineux dès que l'on met en joue, et tant que l'on tient l'arme dans la position verticale, il ne peut se produire de courant; par suite, l'usure du zinc est nulle. Ce résultat est obtenu à l'aide de la pile hermétique à renversement (fig. 47). Lorsqu'elle elle est placée verticalement, le zinc est complètement en dehors du liquide, il n'y a pas d'attaque possible; lorsqu'on la couche horizontalement, le zinc vient en contact avec l'acide et le courant se produit.

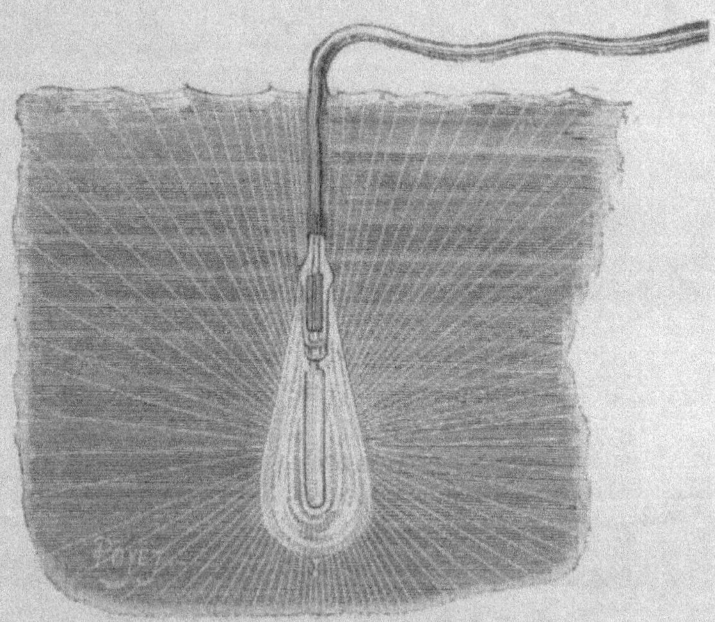

Fig. 49. — Lampe Edison, disposée pour brûler sous l'eau.

Les premières tentatives d'éclairage sous-marin à l'aide de l'électricité remontent assez loin; les travaux de M. Bazin dans la baie de Vigo n'ont pu être entrepris que grâce à un éclairage puissant obtenu par l'arc voltaïque.

Une drague ayant coulé dans le canal de Suez, cet accident interrompit le passage des navires pendant quelque temps;

on voulut la faire sauter, mais faute d'un éclairage suffisant, les plongeurs ne pouvaient placer les cartouches de dynamite aux endroits les plus favorables à une bonne explosion ; on dut, ne pouvant faire sauter la drague, élargir de 20 mètres le canal sur une longueur de 200 mètres, pour rétablir la circulation. Ce n'est que lorsque l'on eut à sa disposition des

Fig. 50. — Éclairage sous-marin pour la défense des bateaux-torpilleurs.

lampes électriques (fig. 48) que les travaux purent suivre leur cours normal, et la drague fut rapidement déblayée.

La Compagnie Edison fabrique également des lampes à incandescence (fig. 49), montées spécialement pour brûler dans l'eau ; mais il faut, dans ce cas, avoir à sa disposition une dynamo et le moteur qui doit la commander.

Nous avons passé sous silence les éclairages fixes, soit des navires de guerre, soit des forts ou autres bâtiments militaires, car ils rentrent complètement dans les conditions ordinaires d'un éclairage permanent et ne présentent aucune particularité qui les distingue des installations, encore trop peu nombreuses, faites dans les établissements industriels; leur installation nécessite seulement des précautions spéciales dans la suspension des lampes à incandescence pour les mettre à l'abri des vibrations qui résultent du tir des énormes pièces, notamment à bord des cuirassés, car la puissance de ces vibrations peut être suffisante pour briser le filament des lampes à incandescence ou empêcher le réglage des lampes à arc.

# CHAPITRE IV

# LA CORRESPONDANCE PAR PIGEONS

PAR

G. RICHOU

# LA CORRESPONDANCE PAR PIGEONS [1]

Le mode de correspondance par pigeons, fréquemment pratiqué dès l'antiquité pour les usages civils et militaires, et repris dans les temps modernes, comme nous l'indiquerons plus loin dans la partie de cet article consacrée à l'historique, a été, surtout depuis la guerre de 1870, l'objet d'une attention suivie de la part des grandes puissances européennes, et on peut dire qu'il a maintenant reçu une organisation qui touche à la perfection. Il n'est que juste d'ajouter que les gouvernements avaient été précédés dans cette voie par un grand nombre de Sociétés particulières, dont les efforts, plus spécialement dirigés vers un but d'agrément, ont néanmoins contribué dans une large mesure à poser les principes qui prévalent aujourd'hui dans l'installation des colombiers, et le dressage des pigeons voyageurs.

*Aptitudes des pigeons.* — On ne connaît pas encore d'une manière précise la faculté qui permet à ces oiseaux

---

1. Ouvrages à consulter : les *Publications colombophiles de la Belgique*; Steenakers, *Les Télégraphes et les Postes pendant le siége de Paris*; G. Tissandier, *Causeries sur la Science* et deux articles parus dans les numéros du 3 janvier 1874 et du 24 septembre 1881 de la *Nature*; L^t-C^l Hennebert, *L'Art et la Science*; *Bulletin de la réunion des Officiers*, années 1881 et 1882, et les articles publiés dans les numéros des 4, 11 et 18 juillet et du 8 août 1885.

de retrouver leur gîte après en avoir été transportés à des distances plus ou moins considérables. « Les uns, dit M. G. Tissandier, l'attribuent à l'instinct ; mais ce mot, vide de sens, contient un simple aveu d'ignorance. D'autres prétendent que le pigeon est doué d'une sensibilité dont nous ne pouvons nous faire la moindre idée, qui lui permet de se guider d'après les différences de densité des diverses couches de l'air qu'il traverse. D'autres enfin affirment que la mémoire du pigeon est extraordinaire, qu'il reconnaît les moindres objets qu'il a aperçus à la surface du sol, et que cette faculté, jointe à une vue perçante, lui permet de trouver des points de repère dans les pays qu'il traverse. »

On peut d'ailleurs citer à l'égard de la mémoire des pigeons des faits remarquables. C'est ainsi que, dans des expériences faites en Allemagne en 1878, des oiseaux sont revenus à leur colombier, après en avoir été séparés pendant quatre semaines. D'autres, internés à Essegg et à Olmütz, durant six semaines, l'ont également regagné. Un exemple encore plus frappant a été observé à la fin de la guerre de 1870-71 : après *cinq mois* d'exil, des pigeons ont fait le trajet de Port-de-Pile (Vienne) à Paris (300 kilomètres) en un jour et demi, en plein hiver et à travers un pays couvert de neige. Mais à défaut d'expériences plus nombreuses, on est tenté de regarder ces divers faits, et surtout le dernier, comme des exceptions ; d'ailleurs la mémoire ne suffirait pas aux messagers lorsqu'ils ont été transportés en panier et dans un wagon fermé d'une station à une autre. Cette même objection s'applique à l'usage de la vue, et oblige à attribuer le succès des lâchers, au moins en grande partie, à la sensibilité dont les pigeons sont doués à un très haut degré, comme, du reste, tous les oiseaux.

Il est donc probable que c'est à l'ensemble de ces facultés, instinct de l'orientation, vue, mémoire, sensibilité, singulièrement développées chez les meilleurs sujets par le dressage et la sélection des races, que les pigeons voyageurs doivent la précieuse aptitude utilisée depuis si longtemps pour la correspondance aérienne.

Quant aux causes qui mettent en jeu ces facultés spéciales, on en reconnaît deux principales : l'une est la recherche du bien-être et de la subsistance, l'autre, l'instinct familial. C'est en effet sur ces deux bases qu'est fondé l'art du dressage ; et, lorsqu'on a cherché à installer des communications par pigeons entre Paris et Versailles, au temps de l'Assemblée nationale, on avait pris soin d'enfermer les pigeons successivement quelques mois dans l'une et l'autre de ces places, pour qu'ils pussent y contracter des liaisons domestiques. Puis on supprimait l'eau dans l'un des colombiers, et le grain dans l'autre. Les sujets prenaient l'habitude de voler d'une station à l'autre pour boire et manger. Cette méthode a été reprise avec le même succès entre Saint-Pétersbourg et Krasnoë-Sélo.

L'instinct familial du pigeon est d'ailleurs très puissant ; on sait que les couples sont généralement fidèles, que le mâle relève la femelle sur le nid, et que chaque couple après avoir adopté une case ne l'abandonne qu'à son corps défendant après des luttes sanglantes contre les envahisseurs.

*Races préférées.* — Les races les plus estimées et les seules actuellement employées en Europe pour le service militaire sont celles de la Belgique, qui comprennent trois variétés : le pigeon *liégeois*, l'*anversois* et la *variété mixte*.

« Le *pigeon liégois*, dit M. La Perre de Roo, se distingue des autres types par ses formes mignonnes, par les plumes retroussées qui, en guise de jabot, ornent sa poitrine et lui donnent un cachet coquet et distingué. Il a le bec petit et très court, orné à sa base de caroncules blanches peu développées. Ses yeux, vifs et saillants, sont encadrés d'un petit filet charnu blanc, et ils brillent comme des rubis. Sa tête est convexe, comme chez tous les pigeons voyageurs belges, qui ont rarement la tête déprimée des pigeons carriers anglais. Il a le cou court et amplement garni de petites plumes longues et étroites à reflets métalliques. Ses ailes sont fort longues et reposent par leur extrémité sur une queue étroite et resserrée, composée de douze pennes rectrices superposées de façon à ne laisser à la queue que la largeur d'une seule penne.

« Le *pigeon liégeois* jouit en Belgique d'une réputation justement méritée, et, sous le rapport de l'élégance et des qualités instinctives, il n'a absolument rien à envier aux autres variétés.

« Le *pigeon voyageur anversois* diffère principalement du pigeon liégois par sa grande taille et par son bec, qui est plus long. Les morilles de son bec sont aussi plus développées et plus tuberculeuses, ainsi que la membrane charnue qui entoure ses yeux. Sa large poitrine et la grande envergure de ses ailes, dont les rémiges s'étendent presque jusqu'à l'extrémité de sa queue, sont l'indice d'un vol puissant et soutenu.

« Ce pigeon se distingue particulièrement par sa résistance à la fatigue pendant les voyages de long cours. Sa tête convexe, large entre les yeux, se détache d'un cou vigoureux amplement garni de plumes à reflets soyeux, et sa queue étroite lui donne le cachet du vrai pigeon volant des anciens. »

*Installation des colombiers.* — L'installation d'un colombier doit remplir diverses conditions : il faut qu'il soit sec, bien aéré, convenablement orienté, et à l'abri des rongeurs. La sécheresse est indispensable pour que la *colombine* (fiente des pigeons) ne s'attache pas à leurs pattes : on l'obtient en employant un sol en carreaux ou en béton de faible épaisseur, sur lequel on répand une couche de 2 à 3 centimètres de sable. L'aérage se réalise au moyen de courants d'air qui ventilent fortement toutes les parties des locaux occupés, et ceux-ci doivent être établis à raison d'un mètre cube environ d'air par couple de pigeons. L'orientation peut varier suivant les contrées; elle sera toujours choisie de manière à éviter autant que possible l'introduction de la pluie. Enfin, pour se défendre contre les rongeurs dans les bâtiments construits spécialement pour servir de colombier, on place le plancher à environ 5 mètres au-dessus du sol, et on entoure les poteaux, sur une hauteur de $0^m,30$ à leur partie supérieure, d'une douille de fer-blanc ou de tôle vernie. Quand on établit un pigeonnier dans des bâtiments déjà existants, il faut poursuivre la destruction des animaux nuisibles par les procédés ordinaires, et, en outre, garnir extérieurement d'une bande de tôle les portes et les seuils.

Les locaux le plus généralement employés sont les combles ou les étages supérieurs des constructions militaires ou civiles. Il ne faut pas qu'ils soient trop élevés, d'abord pour ne pas servir de but aux projectiles de l'ennemi dans les places de guerre et ensuite pour que l'accès en demeure facile aux personnes chargées du service. Les figures 1 et 2 représentent l'aménagement d'un colombier dans un comble et dans un étage supérieur. Il est admis que le nombre normal de couples que peut contenir une même pièce ne doit pas dépasser 40 ou 50, tant au point de vue de la surveillance que dans le but d'arrêter la propagation des épidémies.

Les colombiers comprennent essentiellement : 1° deux compartiments fermés pour conserver les pigeons apportés comme messagers et destinés à être réexpédiés, l'un affecté aux mâles, l'autre aux femelles, afin d'éviter des accouplements qui pourraient les empêcher de retourner au colombier d'où ils ont été extraits ; 2° un certain nombre de compartiments pour les pigeons nés dans le colombier ou amenés jeunes, chacun d'eux pouvant être exclusivement réservé aux individus destinés à voyager dans une direction déterminée. On peut, dans certains cas, ajouter une pièce pour isoler les couples malades et une autre pour ceux qui sont destinés à la reproduction ; mais la première est peu employée, par crainte des épidémies.

Les compartiments se composent de cases de 0$^m$,70 de longueur sur 0$^m$,45 de profondeur et 0$^m$,35 de hauteur, dimensions suffisantes pour abriter deux couvées, les couples ayant fréquemment une seconde couvée avant que la première soit élevée. Chaque couple occupe une case qui lui est spécialement réservée. On construit généralement trois rangées de cases, mais jamais plus de 4, afin que le surveillant puisse les dominer et y prendre aisément les pigeons (fig. 52). L'installation des cases est aussi simple que possible, pour que l'entretien en soit mieux assuré ; elles sont constituées par des étagères ou planches horizontales, de 0$^m$,015 d'épaisseur au maximum, recoupées verticalement par d'autres planches analogues dans le sens de la longueur.

Chaque case reçoit deux nids en plâtre, afin qu'ils puissent être tenus très propres (fig. 53) ; l'ameublement du compartiment comprend en outre une mangeoire (fig. 54) disposée en trémie, de manière que les grains ne coulent qu'au fur et à mesure de la consommation, et séparée en autant de petits réservoirs qu'il y a d'espèces de grains, et un abreuvoir siphoïde (fig. 55), dont la forme pointue ne permet pas aux oiseaux de se percher dessus et de le salir, ainsi que l'eau qu'il fournit.

Pour faciliter la surveillance, les compartiments sont

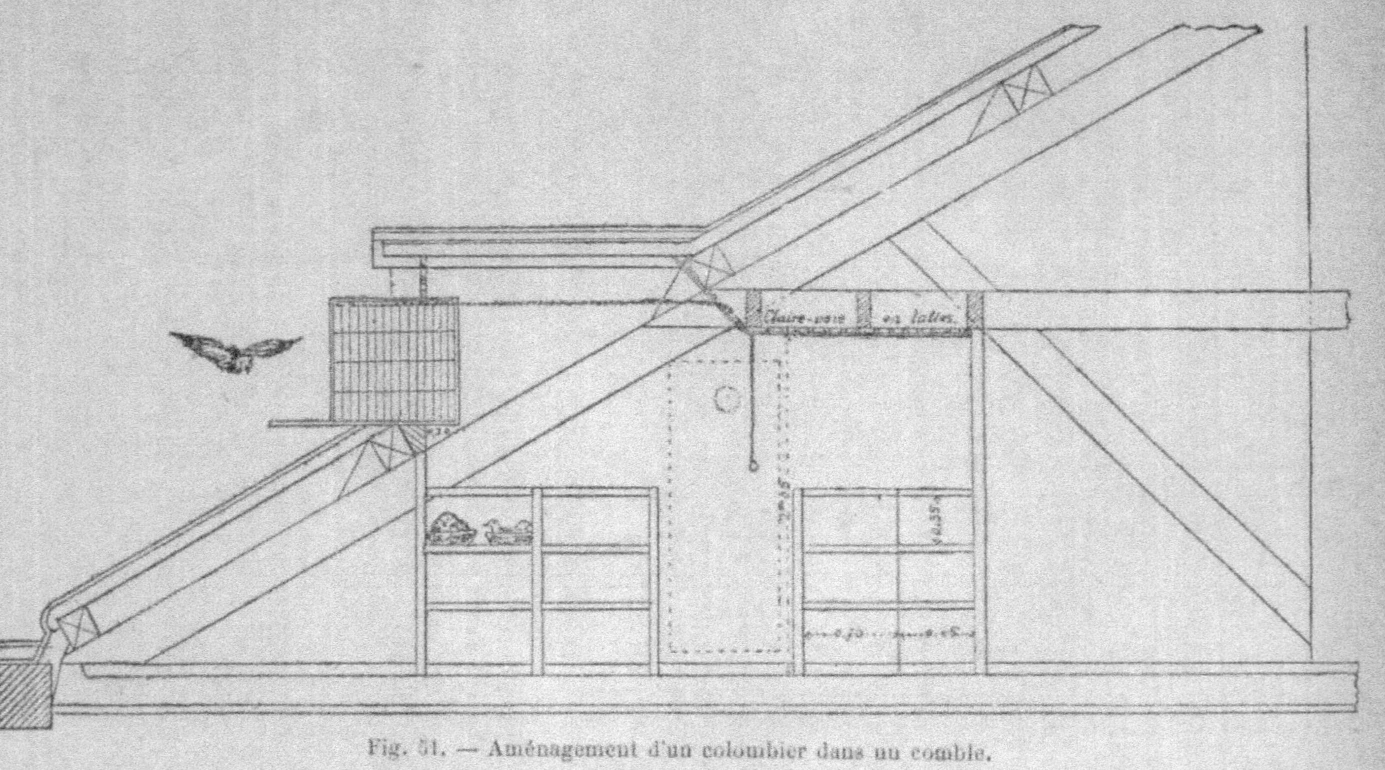


Fig. 51. — Aménagement d'un colombier dans un comble.

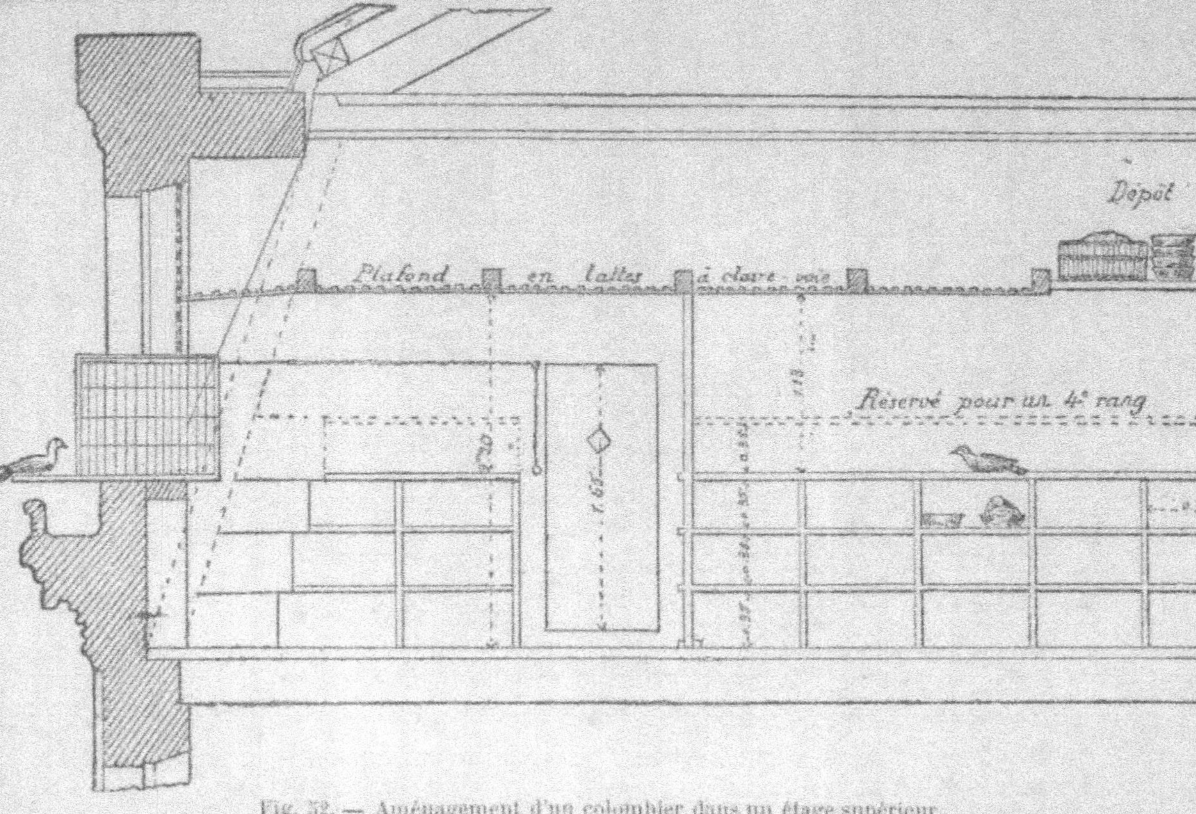


Fig. 52. — Aménagement d'un colombier dans un étage supérieur.

ordinairement disposés des deux côtés du même corridor;
mais on peut également, sans inconvénient, les placer à la
suite les uns des autres. Les portes de communication,
quelles qu'elles soient, ont 1$^m$,70 de hauteur sur 0$^m$,75 de
largeur, avec un seuil de 0$^m$,19 de hauteur, garni d'une
lame de tôle ou de zinc, sur lequel vient battre une lame
semblable destinée à prévenir l'introduction des rongeurs
(fig. 56).

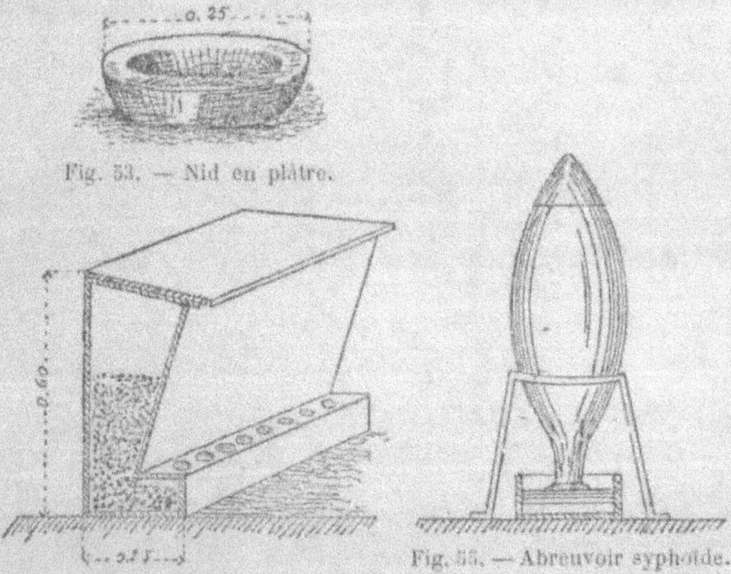

Fig. 53. — Nid en plâtre.

Fig. 54. — Mangeoire.

Fig. 55. — Abreuvoir syphoïde.

Afin de se rendre rapidement maître des pigeons quand
on en a besoin, sans qu'ils puissent, en volant à l'intérieur
pour s'échapper, courir le risque de se blesser, on limite la
hauteur des locaux à 2 mètres ou 2$^m$,20 au maximum par
une cloison en lattes minces formant plafond, et qui n'ap-
porte pas obstacle à la ventilation (fig. 56 et 57). Pour le
même motif, on a soin, dans les colombiers établis sous les

combles à angle aigu, de fermer cet angle par une cloison en planches jointives (fig. 54).

La sortie et la rentrée des pigeons s'effectuent au moyen

Fig. 56. — Cage pour la rentrée et la sortie des pigeons.

d'une cage, dont la figure 53 donne les dimensions et la disposition. Les faces latérales sont fermées par un grillage, la face postérieure est ouverte, et celle d'avant présente sur toute sa largeur une ouverture qu'on peut clore au moyen d'une porte glissante à cliquettes (fig. 54), de manière que le pigeon puisse rentrer en poussant les cliquettes, mais ne puisse sortir parce qu'elles s'appuient de dedans en dehors sur une

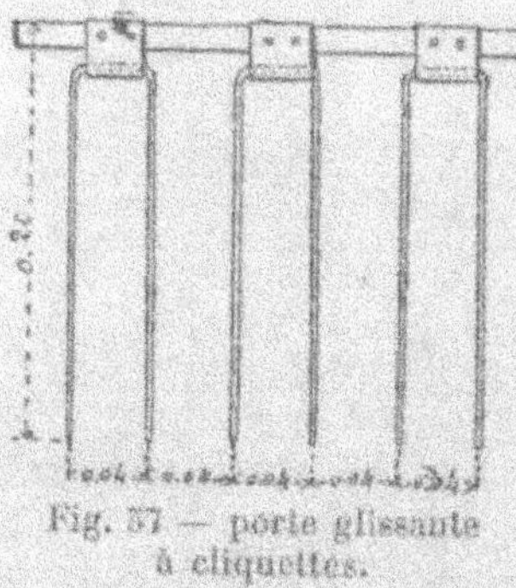

Fig. 57 — porte glissante à cliquettes.

traverse inférieure. Lorsqu'on veut faire sortir les pigeons, il suffit de lever les cliquettes.

C'est dans cette cage qu'on prend les messagers. Elle se place dans le vide de la lucarne ou de la fenêtre d'entrée, de manière à faire saillie de $0^m,20$ à l'intérieur et de $0^m,40$ à l'extérieur, et à une hauteur de $1^m,30$ au-dessus du sol, qui permet de dominer la cage pour y saisir les pigeons et suffit pour empêcher d'y atteindre ceux qu'on veut conserver, et dont on a ébarbé les ailes pour ce motif. Les côtés et le dessus de la baie sont garnis avec un treillis en lattes.

*Organisation des colombiers.* — Les jeunes pigeons destinés au peuplement d'un colombier doivent être âgés de 30 à 35 jours : plus jeunes, ils auraient de la peine à se nourrir eux-mêmes; plus âgés, ils pourraient se perdre en sortant les premières fois et retourner à leur ancien colombier. A leur entrée, ils reçoivent un numéro matricule qui est marqué au moyen d'un composteur sur l'avant-dernière plume (couteau) de l'aile droite et reporté sur un registre spécial. On a soin de mettre en regard sur le registre le signalement de l'oiseau, ainsi que sa provenance. Pour les pigeons nés sur place, on imprime sur une de leurs plumes, au bout de 25 jours, le numéro correspondant à celui du nid où ils sont éclos, ce qui suffit à indiquer leur provenance; mais, pour éviter que des vides trop souvent répétés se produisent sur le registre matricule, on ne pratique l'immatriculation qu'après les entraînements. Les deux espèces de numéros se distinguent par leurs dimensions. Les gardiens tiennent également registre des accouplements et surtout des entraînements, tant des vieux que des jeunes pigeons, afin de pouvoir distinguer les sujets et les employer suivant leurs qualités.

*Nourriture.* — L'expérience a fait connaître que la meilleure nourriture à donner ordinairement, pour entretenir la vigueur des oiseaux, doit se composer principalement de vesces et de pois jarras, de janvier à la fin d'avril, à l'époque de l'élevage, et de féverolles pendant les entraînements et les voyages ; le sel forme un appoint indispensable en toute saison. D'autre part, comme, pour les longs parcours, il faut que les messagers prennent l'habitude de se nourrir eux-mêmes, on les porte aux champs dans des paniers, après avoir eu soin de les priver de toute nourriture au colombier (l'eau exceptée) pendant vingt-quatre heures. La première fois ils y retournent et rentrent par la cage, dont on a eu soin de tenir la porte fermée ; mais, comme ils ne peuvent sortir, ils souffrent de la faim ; aussi, l'expérience, recommencée le lendemain, réussit-elle généralement, et les sujets arrivent ensuite à chercher d'eux-mêmes leur nourriture dans les champs voisins du colombier. Il va sans dire que ce portage ne s'exécute qu'avec des oiseaux préalablement dressés. Les frais de nourriture seuls de chaque pigeon reviennent à 5 fr. 50 c. ou 6 francs par an , l'entretien revient en outre à 8 ou 9 francs, soit en tout 13 fr. 60 c. à 15 francs. Le sujet peut atteindre ainsi son complet développement à trois ans et servir jusqu'à seize ans.

*Accouplements.* — Les pigeons dits *jeunes d'été*, c'est-à-dire nés de février à juillet, ont entièrement fini leur mue vers la fin d'octobre, et ont traversé les diverses phases de l'entraînement. Ils commencent alors à s'accoupler d'eux-mêmes, ce qui permet de distinguer les mâles des femelles ; la première couvée ne réussit généralement pas, et vers la fin de décembre on sépare pour quelques semaines les oiseaux des deux sexes, tant ceux des vieux couples que des jeunes, de manière à les laisser se reposer et à opérer ensuite à volonté les croisements, en vue d'obtenir de meilleurs produits. Cette dernière opération ne se fait d'ailleurs que pour un nombre restreint de sujets ; on laisse les autres, aussitôt leur réunion, s'accoupler de nouveau et les couples déjà formés se reforment et reprennent chacun la case qu'il occupait avant la séparation.

*Élevage et dressage*. — On commence par habituer les jeunes pigeons nés au colombier ou ceux de moins de 35 jours qui y ont été introduits (mais ces derniers seulement trois ou quatre jours après leur entrée), à voler autour du colombier sans s'égarer. C'est ce qu'on appelle les *aduire*. Au bout d'une semaine, ils ont pris l'habitude de sortir et de rentrer régulièrement, et on peut ouvrir la cage dès le grand matin pendant toute la saison d'été. Les sujets sont ensuite abandonnés à eux-mêmes pendant deux ou trois mois, de manière qu'ils puissent s'exercer au vol et prendre des forces ; puis, lorsqu'ils ont atteint de trois mois et demi à quatre mois, on procède à l'entraînement. La meilleure saison est celle qui s'étend du commencement de mai à la fin de septembre ; mais, dans les colombiers militaires, on fait également travailler les messagers en hiver et par la neige, en évitant toutefois de les lâcher les jours de grande pluie ou d'ouragan.

L'entraînement normal consiste à transporter successivement les oiseaux à des distances dont la progression varie de la manière suivante : on ajoute la première distance à elle-même pour déterminer la seconde, et chacune des étapes suivantes s'obtient uniformément en ajoutant les deux longueurs précédentes. Ainsi, en admettant une première étape de 10 kilomètres, les étapes successives se trouvent fixées, à 10, 20, 30, 50, 80, 130, 210, 340, 550, et 890 kilomètres. Cette dernière distance est rarement atteinte ; dans la pratique, on ne va guère au delà de 700 kilomètres, distance considérée comme un maximum pour les besoins de la guerre.

Il faut d'ailleurs entre chaque lâcher donner aux pigeons le temps de se reposer et de retrouver le bien-être qui les attache au colombier. Pour les petites distances, un jour ou deux suffisent ; mais au delà de 100 kilomètres, le nombre de jours de repos est porté à 4 ou 5 et jusqu'à 8. Enfin la progression complète des étapes que nous avons indiquée ne s'applique qu'aux pigeons de 2 à 3 ans : la première année, on ne leur fait pas dépasser un portage de 300 kilomètres.

On doit toujours garder au colombier l'un des oiseaux du même couple, puisque c'est en grande partie sur l'instinct familial des pigeons que repose le dressage. Il convient également d'éviter les lâchers par un vent contraire à la direction à suivre, et par les temps de fortes pluies, de neige ou de brouillard. Les conditions atmosphériques exercent en effet une grande influence sur la marche des pigeons : les brouillards épais interceptent la vue, la neige empêche l'orientation, les vents contraires nécessitent une dépense de forces souvent trop considérable, et les ouragans accompagnés de tonnerre et d'éclairs épouvantent les messagers. On a constaté également que la présence de la mer ou de cours d'eau et de grands bois provoque de l'hésitation dans leurs allures, ce qu'on attribue soit à la quantité plus grande d'électricité contenue dans l'atmosphère située au-dessus des eaux et des forêts, soit, en ce qui concerne ces dernières, à la crainte des oiseaux de proie. Pour préserver les pigeons de leurs atteintes, on peut, comme le propose M. Bion, leur enduire les plumes du corps et de la queue avec une infusion de 30 grammes de tabac à chiquer dans un litre d'urine chauffée à 50°, la peinture étant appliquée à froid. Dans le même but, les Chinois attachent à la queue des oiseaux des espèces de harpes éoliennes à sonorité assez forte ; mais l'efficacité de ce mode de préservation n'est pas admise par certains colombophiles, qui prétendent qu'il épouvante le pigeon plus encore que ses agresseurs.

*Vitesses.* — Les vitesses atteintes par les sujets les mieux
exercés varient en sens inverse des distances : lors du service établi, en 1873, entre Paris et Versailles, pour le
transport des comptes rendus de l'Assemblée nationale, la
poste aérienne ne mettait assez fréquemment que 10 minutes pour franchir les 20 kilomètres qui séparent les deux
stations, ce qui donnait une vitesse de 2 000 mètres à la
minute. Une expérience faite en 1877 entre Douvres et
Londres, distants de 113 kilomètres à vol d'oiseau, a fourni
le même résultat. En mai 1875, M. Cassiers a lancé, de
Moulins sur Paris, 10 messagers, sur lesquels 7 ont effec-
tué, en 3 heures, le trajet qui s'élève à 290 kilomètres, soit
avec une vitesse de 1 600 à 1 700 mètres par minute. Mais
ces chiffres ne constituent que des maxima impossibles à
réaliser dans la pratique par la moyenne des sujets. On considère même une vitesse de 1 250 mètres comme exception-
nelle, et les vitesses habituellement atteintes ne dépassent
pas en moyenne 1 000 mètres à la minute pour les trajets
au-dessous de 500 à 600 kilomètres, et par un temps clair.
Elles peuvent tomber à 600 à 700 mètres par les temps
brumeux. On doit en outre s'attendre à voir un assez grand
nombre de jeunes et même de vieux pigeons s'égarer en
route, rentrer fort en retard, quelquefois plusieurs jours
après le lâcher ; certains mêmes se perdent complètement et
ne retrouvent plus le colombier.

*Organisation d'un réseau.* — L'organisation d'un réseau de correspondance entre des places fortes doit remplir
deux conditions : il faut que les distances ne soient pas
trop grandes, sans quoi le voyage imposerait trop de
fatigue aux messagers ; et d'autre part, les stations
doivent être assez éloignées pour qu'ils puissent faire
un large usage de leurs facultés, et rattraper le temps
qui se perd infailliblement soit au départ pour l'orientation,

soit à l'arrivée pour la manipulation des dépêches. En dehors donc des conditions topographiques et stratégiques qui peuvent imposer d'autres chiffres, on fait ordinairement varier les distances entre 100 et 200 kilomètres. En France, les communications sont assurées, d'une part, entre les diverses places de la frontière, et de l'autre, entre ces places et Paris. Les pigeons des colombiers militaires sont tous les ans, en plus de l'entraînement habituel, soumis à des manœuvres, et chaque couple est spécialement dressé à évoluer dans la direction qu'il devrait desservir en temps de guerre. « L'entraînement vers un même point perfectionne, en effet, et assure le travail d'orientation, tandis qu'un changement brusque, immédiat de direction, expose les meilleurs messagers à s'égarer ou à se perdre. » (F. RODENBACH.)

*Manière de fixer les dépêches.* — Il y a diverses méthodes pour fixer les dépêches dont on charge les pigeons. Le procédé le plus communément adopté, notamment en France, a été imaginé pendant la guerre de 1870, par M. Georges Blaye ; il consiste à les renfermer dans un tube de 40 à 50 millimètres de longueur, ouvert aux deux bouts, et détaché de la partie cylindrique d'un tuyau de plume d'oie. Pour attacher ce tube à l'une des grandes plumes de la queue, on s'assure qu'elle est bien solide et on y enfile le tube jusqu'au milieu de la longueur environ en faisant rebrousser les barbes. Cela fait, la dépêche écrite sur une feuille de papier pelure (dont la dimension varie de 5 à 10 centimètres carrés) est pliée avec soin et roulée en forme de cigarette avec un bout un peu plus mince que l'autre. On l'introduit alors dans le tube qu'elle sert à fixer à la plume caudale à la manière d'une cale. Le calage s'achève au besoin avec un bout d'allumette taillé en pointe, que l'on enfonce dans le tube avec précaution pour ne pas déchirer la dépêche. A l'arrivée du pigeon au colombier, on

le prend au moyen d'une épuisette et on retire la cale, puis
le tube et son contenu.

*Historique*. — L'utilisation de la correspondance par
pigeon remonte à une très haute antiquité. Sans parler de
la colombe de l'Arche, on sait que les marins de l'Égypte,
de Chypre, de Crète et de la Phénicie s'en servaient pour
communiquer avec la terre et annoncer leur retour à leurs
familles. La Chine paraît aussi avoir connu ce genre de
messagerie à une époque fort reculée, car il existe depuis
longtemps à Hong-Kong une maison jadis consacrée à l'exploitation d'une loterie, et qui porte encore le nom de Maison des Pigeons.

En Grèce, certains athlètes emportaient avec eux aux jeux
olympiques, des pigeons enlevés à leurs petits et les lâchaient après la victoire en leur attachant au cou un ruban
de pourpre. Les Romains les imitèrent, et ne tardèrent
même pas à confier aux oiseaux des missives qu'on leur
fixait sous l'aile, pour transmettre les résultats des luttes ou
des courses de chars dans le cirque. Les hirondelles étaient
également employées à cet usage.

Les pigeons rendaient encore des services signalés aux
armées en campagne : tantôt on les lançait comme éclaireurs
devant une troupe, et on constatait par la tranquillité ou l'in-
quiétude de leur vol, si l'on avait ou non à redouter la présence de l'ennemi dans les environs ; tantôt, comme au
siège de Modène par Antoine, en 43 avant Jésus-Christ, ils
assuraient les communications entre les places assiégées et
l'armée de secours.

Il n'est plus ensuite fait mention dans les annales européennes de la correspondance par pigeons qu'à l'époque des
croisades. Elle fut utilisée en 1098, par les chrétiens, au
siège de la forteresse d'Hazar, entre Antioche et Edesse,
pour nouer des intelligences avec la place, puis à celui de

Ptolémaïs un siècle plus tard. Pendant l'investissement de cette ville (1189 à 1191) par Philippe-Auguste et Richard Cœur de Lion, le gouverneur put se maintenir en communication avec Saladin au moyen de la poste aérienne.

Elle fonctionnait d'ailleurs dès le vii<sup>e</sup> siècle, à Mossoul et reliait entre elles, à partir du viii<sup>e</sup> siècle, les villes importantes d'Asie et d'Égypte. Le sultan Noureddin (1146 à 1173) lui donna une impulsion considérable. Par ses soins, des tours appelées *bérid* et établies, de douze en douze lieues dans un grand nombre de directions, portaient des colombiers, ayant chacun un directeur et des veilleurs qui, jour et nuit, épiaient l'arrivée des oiseaux. L'espèce la plus recherchée était celle de l'Irak, c'est-à-dire, des pigeons blancs à collier, les plus intelligents et les plus faciles à apprivoiser. Mais cette institution, après avoir subi diverses vicissitudes, fut à peu près détruite lors de l'invasion mongole (1258), et il n'en subsista que des correspondances isolées entre certaines places de Syrie et d'Égypte. On sait, en effet, que le débarquement de saint Louis à Damiette en 1249 et les diverses phases de la désastreuse bataille de Mansourah furent mandés de cette manière au sultan du Caire.

Le prince d'Orange l'employa également en 1572 pour entretenir des communications avec les habitants de Harlem, assiégés par le duc d'Albe, et les encourager à une résistance mémorable qui dura sept mois ; et en 1574, la ville de Leyde, investie par Francisco de Valdès, allait capituler sous la pression de la famine et de la peste, lorsqu'une dépêche apportée par un pigeon vint annoncer au bourgmestre Van der Werff que les digues avaient été rompues et qu'un puissant secours en hommes et en approvisionnements lui était envoyé sur une flottille de bateaux plats. Le camp ennemi ne tarda pas en effet à être inondé, et l'armée espagnole fut contrainte de lever le siège dans la nuit du

4 octobre 1575. Pour reconnaître cette heureuse délivrance, il fut décidé que les pigeons messagers seraient désormais nourris aux frais de la ville.

A côté des services militaires rendus par la poste aérienne dans les temps modernes, on voit aussi se développer certains services civils : le plus intéressant a été la création d'une entreprise pour le transport de la cote de la Bourse de Paris à Bruxelles et à Anvers. Le succès fut considérable, car on était encore à l'époque du télégraphe aérien, dont l'usage était alors exclusivement reservé au gouvernement, et décida ce dernier à mettre ses appareils au service du public pour la transmission de ce genre de nouvelles. Cette décision fit naturellement tomber l'entreprise.

Les pigeons furent aussi employés, dans les premières années du siècle, à l'envoi des numéros gagnants des loteries ; et comme la loterie ne fermait pas ses bureaux le même jour dans toute la France, comme d'autre part la malle-poste seule apportait les listes, certains *spéculateurs* eurent l'idée de se les faire envoyer par pigeons à Marseille, et purent ainsi prendre des numéros déjà sortis au tirage à Paris. Mais cette fraude fut éventée, et les délais de distance supprimés pour en éviter le retour.

De nos jours, on retrouve l'utilisation de la correspondance aérienne au siège de Venise, en 1849, où elle permit au dictateur Manin de se maintenir en communication avec le reste de l'Italie, et surtout pendant le siège de Paris, en 1870.

Les résultats obtenus durant cette période mémorable ont été entièrement dus à l'initiative privée, car il n'existait, lors de la déclaration de guerre, aucun service organisé, soit par le ministère de la guerre, soit par la direction des postes ou des télégraphes. Toutefois trois semaines avant l'apparition des armées allemandes sous les murs de la capitale, M. Ségalas avait installé soixante de ses élèves dans la tour de l'Administration des télégraphes. Mais ce sont principalement les pigeons de la Société l'*Espérance*, dirigée par MM. Van Roosebeke, Cassiers, etc., qui ont été mis à contribution lorsque les communications avec la province ont été tout à fait interrompues par suite de l'investissement. Il se présentait toutefois une grave difficulté : les pigeons qu'on possédait avaient presque tous leurs colombiers à Paris, et un petit nombre seulement venaient du nord de la France ; en sorte que ceux-là seuls étaient utilisables, et que la correspondance ne pouvait s'établir que dans cette direction. M. Rampont, directeur des postes, tourna l'obstacle en envoyant par ballon les messagers en province. M. G. Mangin emporta les trois premiers pigeons dans la nacelle du ballon *la Ville-de-Florence*, le 25 septembre 1870 : il atterrit le même jour à Vernouillet près de Triel, et deux des oiseaux rentrèrent à Paris à cinq heures du soir. Cinq jours après, M. G. Tissandier en emmena d'autres, appartenant, comme les premiers, à M. Van Roosebeke, dans la nacelle du *Céleste*, et désormais chaque ballon sortant de Paris reçut un certain nombre de messagers.

Un autre procédé était concurremment mis en œuvre par quelques-uns des membres de l'*Espérance* : du 12 au 18 novembre, ils sortirent de Paris par un train composé d'une locomotive et d'un wagon blindés, qui les amena aussi près que possible des lignes ennemies. Aussitôt après l'arrêt, ils lâchaient les pigeons et le train rebroussait chemin à toute vapeur.

Du 25 septembre au 28 janvier, on expédia en province 360 pigeons et 302 furent renvoyés à Paris, où il n'en rentra que 57 suivant les uns et 73 d'après les autres. Mais comme plusieurs firent jusqu'à trois fois le voyage, on estime qu'il n'y en eut guère plus de vingt qui rendirent de réels services.

La correspondance était d'abord exclusivement réservée

au gouvernement ; mais, à partir du 4 novembre 1870, les particuliers furent autorisés à s'en servir à raison de 0 fr. 50 c., puis de 0 fr. 20 c. le mot, et de vingt mots par dépêche au maximum. Ce progrès coïncida avec l'application de la méthode de réduction photo-microscopique qui succéda aux réductions photographiques, remplaçant elles-mêmes l'écriture à la main sur du papier très fin, pratiquée à l'origine. Cette méthode consistait à centraliser tous les télégrammes, à les composer en typographie, et à réduire la composition au $1/800$, ce qui donnait un cliché d'une superficie égale au quart d'une carte à jouer. Puis on en tirait une épreuve sur collodion mince. Chaque page de la composition comportait environ 15 000 lettres correspondant à 200 dépêches. Une pellicule de $0^m,03$ sur $0^m,05$, du poids d'un demi-décigramme, contenait seize de ces pages, et vingt de ces pellicules étaient confiées au même oiseau, qui emportait ainsi 900 000 lettres ou chiffres à la fois. Paris a reçu de cette manière, pendant l'investissement, 150,000 dépêches officielles et 1 000 000 de dépêches privées, dont l'ensemble imprimé en caractères ordinaires formerait plus de 500 volumes.

MM. Dagron, Fernique et Poisot avaient quitté la capitale en ballon, le 12 novembre 1870, pour aller organiser ce service en province. A Paris, on projetait les pellicules sur un mur au moyen d'un puissant appareil, et on prenait copie des dépêches pour les envoyer aux intéressés.

La disparition des pigeons qui ne rentrèrent pas dans la capitale peut être attribué à diverses causes : on pense tout d'abord que le plus grand nombre s'est égaré par suite des froids, des mauvaises conditions des lâchers, des brumes fréquentes, de la présence de la neige et surtout du défaut d'entraînement ; car le succès du lâcher de Port-de-Pile, dont nous avons parlé plus haut, n'a été qu'une exception. Les oiseaux de proie en ont détruit d'autres et l'on croit savoir que les Allemands avaient dressé des faucons à cette

chasse. Quelques-uns ont été atteints par des balles ennemies, comme celui qui rentra ensanglanté le 6 décembre en
apportant la nouvelle de la reprise d'Orléans, et celui qui
revint le 28 du même mois sans dépêche et ayant perdu
trois plumes de la queue. D'autres enfin ont été pris par
l'ennemi qui s'en servit, lorsqu'ils étaient encore valides,
pour envoyer de fausses dépêches.

Le service des pigeons voyageurs ne se prolongea pas au
delà du 1ᵉʳ février 1871, et les oiseaux furent vendus.
Aucune des puissances européennes ne paraît en avoir fait
usage dans les guerres diverses qui se sont succédé depuis
la campagne de 1870. Néanmoins, comme nous l'avons indiqué au commencement de cette étude, elles ont toutes
organisé, sur une échelle plus ou moins vaste, le service
des colombiers militaires dont nous allons donner succinc-
tement l'état actuel.

*Organisation des colombiers militaires chez les di-
verses puissances européennes.* — Nous sommes heureux
de dire que c'est en France que l'organisation paraît être la
plus complète et la mieux entendue. Le crédit qui lui est
affecté, en même temps qu'à la télégraphie optique, s'élève
à 100 000 francs par an. Malgré les enseignements de 1870,
le gouvernement ne s'est guère occupé de la question que
vers 1877, époque à laquelle il accepta un don gratuit de
420 pigeons, offerts par M. La Perre de Roo, et fit construire par l'administration des postes un colombier modèle
qui fut terminé en 1878, et put contenir 200 couples. Le
Mont-Valérien a également reçu une autre installation
destinée aux jeunes sujets. En outre, huit colombiers sont
établis à Marseille, Perpignan, Verdun, Lille, Toul et Bel-
fort. Les grandes manœuvres du 9ᵉ corps ont donné lieu
récemment à des expériences intéressantes, et le général
Boulanger a fondé une poste aérienne entre les points

militairement occupés de la Régence et le quartier général de Tunis. Le nombre des pigeons appartenant à l'État est d'environ 4 000.

La loi du 3 juillet 1877 donne au gouvernement le droit de réquisition sur les colombiers civils, et le ministère de la guerre, dans le but d'attribuer à cet égard une réglementation définitive, a ordonné qu'il serait fait tous les ans, à l'époque du recensement des chevaux, un recensement des pigeons voyageurs. La déclaration est obligatoire pour les propriétaires, et doit comprendre le nombre de leurs colombiers, le nombre d'oiseaux qui y sont élevés, et l'indication des directions dans lesquelles ils sont entraînés.

La Russie a établi des colombiers importants dans diverses places, notamment à Moscou, Kiew, Varsovie, etc., et il existe une poste régulière entre Saint-Pétersbourg et Krasnoë-Sélo. Une somme de 50 000 francs est allouée chaque année pour les dépenses de ces services, que le gouvernement trouvera sans doute avantage à étendre dans les pays nouvellement conquis de l'Asie centrale, où le fonctionnement du télégraphe n'est pas toujours assuré. Des expériences faites par le général Stroukow, dans les dernières grandes manœuvres, semblent avoir démontré l'avantage qu'il y aurait à relier par pigeons au corps principal, les patrouilles de cavaleries lancées à d'assez grandes distances pour le service d'éclaireurs. Il faut toutefois que ces distances soient assez considérables, car quoique la vitesse des messagers soit cinq fois supérieure à celle des chevaux, la capture de l'oiseau et la remise de la dépêche au quartier général demanderaient plus de temps que le système ordinaire, dans le cas de distances trop faibles ; l'oiseau est, à la vérité, bien moins exposé qu'une estafette à tomber entre les mains d'un parti ennemi.

L'Allemagne a installé, en 1874, des colombiers militaires à Metz et Strasbourg pour 600 pigeons, et à Cologne et

Berlin pour 200. Depuis lors, Wurtzbourg, Mayence, Posen, Thorn, Kiel, Wilhelmshafen, Tonning et Dantzig, forment également des stations de 200 oiseaux chacune, sauf Thorn, qui en a 1 000 ; le crédit affecté en 1883-84 a été de 43 750 francs.

L'Autriche n'a que deux principales stations militaires, l'une à Comorn, l'autre à Cracovie; mais l'établissement d'un réseau complet est projeté pour relier les centres des régions montagneuses, frontières aux postes qui commandent les crêtes et les défilés.

L'Angleterre et la Belgique qui fournit à presque toutes les autres nations des produits de ses colombiers, possèdent également une poste aérienne organisée militairement. En Italie, en Espagne et en Portugal, le service des pigeons est jusqu'ici assez peu développé, quoique des essais officiels aient été tentés et continués dans ces dernières années.

En dehors des communications entre les places fortes, la surveillance des côtes est assurée par messagers chez toutes les nations européenes, et les Gouvernements donnent des encouragements annuels aux Sociétés colombophiles, dont les oiseaux constitueraient une précieuse réserve en cas de guerre.

*Emploi des pigeons dans les services civils.* — Ces Sociétés sont en nombre considérable, surtout en Belgique : la fondation des premiers clubs colombophiles y remonte en effet à 1820, et on en compte plus de mille, possédant collectivement 600 000 oiseaux. L'élève des pigeons est pour le peuple belge une véritable affaire nationale, ainsi que l'attestent les 1 500 lâchers qui sont effectués annuellement, et la valeur totale des prix attribués aux concours, valeur qui atteint 900 000 francs. En France les Sociétés privées n'existent guère que dans la région du Nord; on estime le nombre de leurs pigeons à 40 000 environ. Une intéressante application de la poste aérienne a été faite avec succès en 1873 par le journal *la Liberté*. Un service de pigeons était établi entre Paris et Versailles pour la transmission des débats de l'Assemblée nationale. Comme nous l'avons dit plus haut, le temps mis par les messagers à franchir les 20 kilomètres qui séparent les stations, ne dépassait pas 10 à 15 minutes, ce qui constituait un notable avantage sur les transmissions électriques, par la suppression des formalités et de l'encombrement dans les bureaux. Toutefois, les journaux qui paraissent dans la journée, ont seuls pu utiliser ce procédé, car la nuit n'en permettait pas l'emploi, et *le Soir*, par exemple, dut continuer à se servir des communications télégraphiques.

En Angleterre, et spécialement à Londres, certains reporters envoient leurs dépêches par pigeons. De même, sur les côtes anglaises, les pêcheurs qui se livrent à la pêche côtière emportent avec eux des pigeons, qu'ils lâchent avant de quitter leurs lieux de pêche, afin de faire savoir à leurs familles et à leurs vendeurs la quantité de poisson qu'ils vont rapporter. Le sport nautique de l'Ouest de la France emploie la même méthode pour donner à terre des nouvelles des courses. Les pilotes de New-York l'ont également adoptée depuis peu, pour annoncer le plus promptement possible l'arrivée des navires qu'ils conduisent, et les nouvelles importantes qui leur sont communiquées par les capitaines de ces bâtiments. Enfin, diverses expériences, faites récemment ont montré qu'en cas d'avarie grave survenue en pleine mer, on pouvait compter, dans une certaine mesure, sur les pigeons pour transporter à leurs colombiers les demandes de secours; de telles communications ne sauraient guère, dans la pratique, être utilisées que sur les paquebots de grandes lignes, mais on conçoit qu'elles puissent néanmoins présenter de sérieux avantages, surtout si les lâchers se font par des temps qui ne soient pas trop agités et à des distances des escales qui ne dépassent pas 400 à 500 kilomètres.

CONCLUSION. — On peut se rendre compte, par les détails que nous avons donnés au cours de cette étude, des remarquables résultats obtenus par l'éducation et le dressage des pigeons, de l'extension de jour en jour plus considérable que prend le service de la poste aérienne et l'intérêt apporté par les grandes puissances à en assurer et à en perfectionner l'usage pour la défense intérieure. Nous nous plaisons, en terminant, à répéter que c'est à l'initiative privée qu'on doit rapporter les succès auxquels on est parvenu : car c'est elle qui a expérimenté et établi la pratique des méthodes d'éducation et de dressage, et le souvenir du précieux concours prêté, en 1870, par la Société *l'Espérance* à la capitale investie, ne s'effacera pas de longtemps.

Il nous reste à exprimer de nouveau notre satisfaction de voir la France, pour la correspondance aérienne comme pour l'aérostation militaire et la télégraphie optique, tenir parmi les nations européennes une place des plus honorables, sinon la première, et à manifester l'espoir que ces divers services pourraient, en cas de guerre, répondre entièrement aux espérances que le pays fonde sur eux.

# TABLE DES MATIÈRES

## CHAPITRE II.

### La Cryptographie, par Henri Mary.



## CHAPITRE III

### L'éclairage électrique à la guerre, par P. Jeffront.

## CHAPITRE IV

### La Correspondance par pigeons, par G. Richou.